있다면?
없다면!

있다면? 없다면!

꿈꾸는 과학·정재승 지음 | 정훈이 그림

푸른숲주니어

한 번도 상상해 보지 못한 세계로의 여행

초등학교 시절, 유난히 펭귄을 좋아했던 나는 '남극이 아닌 우리 집에서 펭귄을 키우는' 행복한 상상에 빠진 적이 있다. 펭귄이 쉽게 드나들 수 있으면서도 열 손실이 적고, 펭귄으로부터 분리해 음식물도 저장할 수 있는 냉장고를 디자인하느라 한동안 제법 진지했던 기억이 난다.

이 기억은 그 후로도 오랫동안 내 머릿속에서 떠나지 않고 있었다. 결국 나는 지난해 내 지도 학생들과 함께 '관람객과 물고기가 서로 의사 소통할 수 있는 수족관 만들기' 프로젝트를 조심스럽게 시작했다. 당연히 이 수족관에는 펭귄도 산다. 만약 내가 어린 시절에 했던 엉뚱한 상상이 없었다면 시작할 수 없었던 프로젝트였을 것이다.

몇 해 전 미국의 한 과학 저널은 성공한 과학자 100명에게 간단한 설문 조사를 한 적이 있다. 훌륭한 과학자가 되기 위해 갖추어야 할 가장 중요한 조건은 무엇이냐고 그들에게 물어본 것이다.

청소년들은 흔히 "나는 수학을 잘 못해서 과학자가 되긴 어려워요." "외우는 걸 잘 못해서 과학자는 못 될 것 같아요."라고 말하지만, 정작 과학자들의 입에선 '수학'이나 '암기' 같은 단어는 전혀 나오지 않았다. 그들이 가장 중요하게 꼽은 훌륭한 과학자의 조건은 '비판적 사고'와 '과학적 상상력'이었다. 세상을 뒤흔들어 놓을 새로운 과학은 항상 '당연하다고 믿는 상식을 비판적으로 따져 보고, 근거 있는 상상력으로 뒤집어 보는 데'에서 시작되기 때문이다.

저명한 물리학자 알버트 아인슈타인이 했던 수많은 명언 중에서 가장 많이 인용된 말이 "상상은 지식보다 중요하다."이듯, 상상력이 얼마나 중요한지는 모두가 잘 알고 있다. 늘 상상력이 중요하다고 강조하지만 상상력을 어떻게 키워야 할지, 의미 있는 상상력이란 무엇인지에 대해서는 정작 가르쳐 주는 사람이 많지 않다.

잘 알다시피, 엉뚱한 상상을 많이 하는 것만으로 과학적 상상력이 키워지진 않는다. 상상이 꼬리에 꼬리를 물고 이어져 세상을 통째로 바꾸어 놓을 만큼 깊이 들어가야 하며, 상상했던 모든 것들을 다시 과학적으로 들여다보면서 진지하게 검토해야만 다음 상상에서 길을 잃지 않을 수 있다. 과학적 상상력이란 으레 엉뚱한 곳에서 출발하지만 조금만 더 깊이 들어가면 결국 진지하게 생각해 볼 만한 거리가 될 뿐 아니라 세상에 대한 통찰력까지 제공해 준다.

　과학을 사랑하고 글쓰기에 애정이 깊은 '꿈꾸는 과학' 학생들과 제일 처음 했던 수업이 이 《있다면? 없다면!》 프로젝트였던 것도 바로 그 때문이다. 학생들은 이 프로젝트를 수행하면서 상상의 즐거움과 과학의 유익함을 만끽하는 (혹은 과학으로 꿈꾸는) 흥미로운 체험을 했을 것이다.

　오랜 노력 끝에 완성된 이 책을 통해 학생들과 함께 나누었던 행복한 시간을 독자들과도 나눌 수 있게 된 것은 우리에겐 더없이 큰 기쁨이다. 이 책은 여러분의 무모한 상상력에 용기를 주기 위해 만들어졌다.

　이 책을 읽은 청소년들이 엉뚱한 상상을 상상으로만 그치지 않고 치밀한 과학으로 되짚어 봄으로써 '과학적 상상력으로 충만한 예비 과학자'로 성장해 주길 진심으로 바란다. 우리는 이제 '세상의 모든 청소년들이 과학적 상상력으로 충만한 미래는 과연 어떤 모습일지' 행복한 상상을 시작해 봐야겠다.

2008년 5월 15일 '꿈꾸는 과학' 친구들과 함께
정 재 승 (카이스트 바이오및뇌공학과 교수)

제1부

기발한 상상, 유쾌한 세계

엉뚱한 상상, 기괴한 사람들

희한한 상상, 흥미로운 세상

캥거럼타기
500원

기발한 상상
유쾌한 세계

만약 하늘에서 주스 비가 내린다면?

만약 꿈을 찍는 캠코더가 있다면?

만약 개가 입에서 불을 뿜는다면?

만약 캥거루를 집에서 키울 수 있다면?

만약 하늘에서 주스 비가 내린다면?

운명이 레몬을 주었다면 그것으로 레몬 주스를 만들려고 노력하라.

─데일 카네기, 미국의 리더십 컨설턴트

오늘 밤과 내일, 남부와 제주 지방에는 천둥·번개를 동반한 다소 많은 양의 주스 비가 예상됩니다. 서해상에서 발달한 비구름대가 우리나라로 접근하면서, 오늘 오후 늦게부터 서쪽 지방에 주스 비를 뿌리기 시작했습니다. 밤사이 주스 비가 내리는 지역은 전국으로 확대되겠습니다. 예상 강우량은 제주 지방이 딸기 주스 최고 80mm 이상, 남부 지방은 오렌지 주스 60mm 안팎, 중부 지방은 이보다 적을 것으로 예상됩니다. 주스가 바닥난 집에서는 외출할 때 미리 병을 준비하신 다음 가급적 차량의 통행이 적은, 즉 대기가 깨끗한 지역에서 주스를 받으시기 바랍니다. 내일 중부 지방은 오후부터, 남부 지방은 밤부터 차차 개겠습니다. 날씨였습니다.

—기상 캐스터

우리를 낭만적인 감상의 세계로 이끌기도 하고, 출근길이나 등굣길을 고생스럽게 만들기도 하는 비. 1년에 75일 이상 우리와 함께하는 비. 만약 그 비가 '물'이 아니라 오렌지 주스라면 세상은 어떤 모습이 될까? 남부 지방에선 오렌지 주스가 하늘에서 내리고, 제주 지방에서는 딸기 주스가 내린다면 세상은 어떻게 변할까?

이게 웬 비 오는 날 달팽이 하품하는 소리냐고? 정말 황당한, 그러니까 현실에선 도저히 일어날 수 없는 얘기라고? 상상인데 뭔들 못할까? 게다가 휴대폰, 비행기, 인터넷처럼 지금 우리가 너무도 당연하게 누리는 '문명의 이기'도 처음에는 다들 코웃음 치는 상상으로부터 출발한 것들 아닌가. 그러니 한 줌의 상상력만 챙기고 하늘에서 주스 비가 내리는 세상을 상상이나 한번 해 보자. 과연 주스가 비처럼 내리는 세상은 행복할까?

주스 비가 내리는 달콤한 세상

야호! 일기 예보를 들은 사람들이 여기저기서 환호성을 질러 댄다. 지구 온난화로 거의 두 달 동안 주스 비가 한 방울도 내리지 않았으니, 사람들이 기뻐하는 것도 무리가 아니다. 집집마다 주스가 동이 난 지는 이미 오래. 그렇다고 하늘에서 쏟아 붓다시피 하는 주스를 슈퍼마켓에서 돈 주고 사 먹을 순 없는 노릇이다.

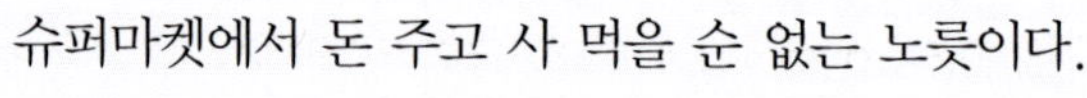

많은 사람들이 그동안 울며 겨자 먹기로 아무런 맛도 냄새도 없는 맹물을 마시고 있었는데, 마침내 하늘에서 주스 비가 내린단다. 엄마들은 주스 비를 받기 위해 양동이란 양동이는 죄다 베란다에 꺼내 놓고, 청춘 남녀들은 주스 비 오는 날 데이트 약속을 잡기 위해 부지런히 휴대폰 번호를 눌러 댄다.

주스 비가 오는 날이면 거리마다 향긋한 내음이 가득하다. 이런 운치 있는 날을 청춘 남녀들이 놓칠 리 없다. 잔디가 넓게 펼쳐진 공원

에라도 가서 "나, 잡아 봐~라!"를 외치며 둘이 함께 혀를 쭉 내밀고 주스 받아먹기라도 해야 하지 않겠는가.

저녁 하늘을 올려다보니, 붉은 구름이 유난히 장관을 이룬다. 구름 색깔이 꽤 붉은 것으로 보아, 오늘 내리는 주스의 농도는 상당히 걸쭉할 것 같다. 내일 아침에는 모처럼 토스트에 진하고 신선한 주스를 한잔 곁들일 수 있겠군. 캬아~, 생각만 해도 군침이 돈다.

이번 강우량은 제법 많은 편이니, 당분간 주스 비가 내리지 않는다 해도 끄떡없을 듯하다. 한강에는 샛노란 주스가 멋진 물결을 이루며 흘러가고, 전국의 이름난 산과 계곡에는 주스가 달콤한 향내를 풍기며 갖가지 빛깔로 촉촉이 스며든다.

어디 그뿐인가. 호수와 저수지로 모여든 주스는 따뜻한 태양 아래 발효되어 풍미 좋은 술과 식초로 익어 가겠지. 언제 어디서든 주스 비가 내린 곳을 손가락으로 찍어서 맛을 보면 곧바로 달콤함을 느낄 수 있다. 오호!

주스 빗방울이 똑똑 떨어진 곳에서는 달콤한 돌이 자라난다. 이 돌들은 주스 비가 땅을 뒤덮은 뒤 주스 속 수분이 공기 중으로 날아가고, 나머지 성분들이 땅에 쌓이고 쌓여 결정을 이루어 생긴 것이다. 돌을 떼어서 입에 넣으면, 마치 주스를 농축한 것처럼 달콤하고 상큼한 과일 사탕 맛이 난다. 그 때문에 주스 비가 내리는 날이면 아이들이 그 누구보다 신이 나서 골목골목 돌아다닌다. 동네를 한 바퀴 돌며 여기저기 돋아난 달콤한 돌들을 모으는 재미가 여간 쏠쏠하지 않은 모양이다.

주스 비가 내리는 세상은 겨울에 더 신이 난다. 집집마다 주스 비가 지붕 아래로 흘러내리면서 땡땡하게 얼어 '색색의 주스 고드름'이 만들어지기 때문이다. 학교에서는 쉬는 시간에 더 이상 매점으로 숨 가쁘게 달려갈 필요가 없다. 그저 창 너머로 손을 쭉 뻗기만 하면, 쮸쮸바처럼 생긴 주스 고드름을 맘껏 즐길 수 있으니까.

어디 그뿐이랴? 주스 비가 하늘에서 차가운 공기와 만나 주스 눈을 뿌리는 광경을 상상해 보라. 천연 샤베트가 따로 없다. '송이송이 눈꽃송이 주스 꽃송이'를 뭉쳐 먹는 재미가 세상을 더욱 살맛나게 해 준다. 노란 오렌지 눈, 빠알간 딸기 눈……. 세상이 온통 주스 눈으로 뒤덮인 광경 또한, 우리가 여태껏 지구에서 한 번도 만끽할 수 없었던 장관을 선사할 것이 틀림없다.

정말 주스 비가 내릴 수 있을까?

한참 동안 '주스가 비처럼 내리는 세상'을 상상하다 보니, '하늘에서 주스 비가 내리는 것이 가능하기는 할까?' 하는 의문이 고개를 든다. 어느 날 갑자기 하늘에서 주스를 뿌려 줄 가능성은 거의 없어 보이지만, 인공 눈을 만들어 내는 세상이니 주스 비쯤이야 간단히 만들 수 있지 않을까? 이 유쾌한 상상을 진지하게 고민해 보려면, 먼저 비가 어떤 원리로 만들어지는지부터 과학적으로 따져 볼 필요가 있다.

비가 내리는 원리는 간단하다. 지표면이 더워지면 물은 증발해 하늘로 올라간다. 하늘로 올라간 수증기는 차가운 공기와 만나 아주 작은 물방울로 변한다. 이 물방울들이 모이고 모여 만들어진 것이 바로 뭉실대는 구름이다. 이 구름을 이루고 있는 작은 물방울들이 한데 모여 뭉쳐지면, 물방울이 커지고 무거워져서 더 이상 버티지 못하고 밑으로 떨어지게 되는데, 이것이 바로 '비'이다.

그렇다면 같은 원리를 적용해서, 물 대신 주스를 증발시켜 하늘로 올려 보내면 주스 비가 내릴 수 있지 않을까? 작은 주스 방울이 모여 주스 구름을 만들고, 그것이 무거워지면 주스 비가 내리지 않겠냐는 말이다. 이것을 직접 확인해 보기 위해 오렌지 주스를 주전자에 넣고 끓여 보도록 하자. 과연 어떤 일이 벌어질까? 주스 방울이 하늘로 올라갈까?

앗, 근데 뭔가 좀 이상한걸. 주스를 담은 주전자가 퐁퐁 뿜어내는 수증기들이 어째 보통 수증기와 별반 차이가 없어 보인다. 오렌지색 수증기를 기대했건만, 여느 수증기처럼 투명해 보일 뿐 오렌지 주스처럼 새콤달콤한 향기가 나지 않는다. 왜 그런 걸까?

주스는 기본적으로 물(용매)에 과당과 구연산 같은 물질(용질)이 녹아 고르게 혼합된 용액이다. 이 주스를 약 100℃로 펄펄 끓이면 기체 형태로 날아가지만(이것을 '기화'라 부른다.) 주스 안에 들어 있던 과당이나 구연산은 100℃보다 훨씬 높은 온도가 되어야 기화가 일어난다. 게다가 설탕이나 과당, 구연산 등은 100℃ 정도가 되면 화학 구조가 파괴되기 시작하고, 파괴된 찌꺼기는 고체 형태로 주전자 바닥에 남게 된다. 그러니 이런 것들은 죄다 주전자 바닥에 남고 하늘로 올라가는 수증기들은 그저 물 분자들일 수밖에! 소금물이나 설탕물을 끓인다고 해서 소금물 수증기나 설탕물 수증기가 나오지 않는 것처럼, 주스를 끓인다고 해서 주스 수증기가 만들어지진 않는다는 얘기다. 결국 주스가 수증기 형태로 하늘로 올라가 주스 구름을 만들고, 비처럼 내렸다가 다시 구름이 되는 '주스 비의 순환'은 불가능한 셈이다.

　하지만 방법이 아주 없는 것은 아니다. 인공 강우를 이용하면 일회적이긴 하지만 주스 비를 내리게 할 수 있다. 인공 강우란 구름 속에 비행기로 아주 고운 입자로 된 비의 씨앗을 뿌려 비를 내리게 하는 것을 말한다. 이때 비의 씨앗은 구름 입자가 더 이상 하늘에 떠 있을

수 없을 정도의 큰 물방울로 뭉치게 하는 역할을 한다.

인공 강우 연구를 처음으로 시작한 미국에서는 1946년 11월 13일 실제로 경비행기를 타고 하늘로 올라가, 고도 4km에 떠 있는 적란운에 드라이아이스를 살포해 인공적으로 비를 내리게 하는 데 성공했다. 현재 미국에선 인공 강우를 포함해 다양한 날씨 조절 프로그램을 개발하고 있으며, 거대한 평야에서 대규모 농사를 짓고 있는 텍사스 주에선 필요한 시기에 천금 같은 비를 내리게 하는 일이 이미 시행되고 있다.

만약 인공적으로 비를 내리게 하는 비의 씨앗으로 '주스 분말'을 사용한다면, 주스 분말이 구름 입자에 녹아들어 하늘에서 주스 비가 내리는 일이 생길지도 모른다. 말하자면 헬리콥터를 타고 하늘로 올라가 딸기 주스 분말을 구름에 뿌려 주면 하늘에서 딸기 주스 비가 내릴 수도 있다는 얘기다. 결국 헬리콥터 한 대랑 주스 분말 한 통만 있으면 주스 비가 내리는 세상도 가능한 셈이다!

주스 비 때문에 건축가들 눈물짓다

비가 오는 날은 운치가 있어 좋다는 사람이 있는가 하면, 비가 오면 척척하고 을씨년스러워서 싫다는 사람도 있는 법! 우울한 기분 때문에 비를 싫어한다면 그나마 다행이지만, 혹시라도 비 때문에 심각한 피해를 입는 사람이 있다면? 여름 한철 선글라스 장사로 1년을 살아야 하는 사람에게 "너도 비 좀 좋아해 보라."고 강요할 순 없지 않은가!

주스 비도 마찬가지다. 주스를 특별히 좋아하는 사람들이나, 여기저기 몰려다니며 새록새록 돋아나는 달콤한 돌을 모으는 아이들이야 반갑기 그지없겠지만, 저 하늘 아래 어딘가에는 주스 비가 오는 것을 마음 편하게 지켜볼 수 없는 사람들이 분명 있게 마련이다.

가장 골치 아파할 사람들은 아마도 건축가와 건설업자가 아닐까? 등을 뒤로한 채 동전을 던져 병 안에 넣으면 로마를 다시 방문하게 된다는 속설을 가진 이탈리아의 트레비 분수와 수많은 대리석 조각들, 또 이슬람 분위기가 물씬 풍기는 스페인의 알함브라 궁전, 연인들의 낭만이 배어 있는 파리의 에펠 탑, 그 외에도 오랜

세월이 지나도 여전히 웅대한 자태를 잃지 않고 있는 여러 건축물들은 주스 비 때문에 점점 제 모습을 잃어 갈 가능성이 높다. (아! 파리의 에펠 탑이여, 지못미!)

걱정이 너무 지나치다고? 천만의 말씀이다. 꼭 주스 비가 아니더라도, 유럽의 여러 조각상들은 이미 산업이 발달하고 인구가 증가하면서 대기 오염이 심각해지는 바람에 비의 산성도가 높아져 원래의 모양이 조금씩 뭉개지고 있다고 한다.

산성 물질은 원래 석고나 대리석은 물론 철까지 녹일 수 있을 만큼

강력하다. 게다가 주스는 고농도의 산성을 띠고 있으니, 세계 유적들이 남아나지 않을 것은 너무나도 당연한 이치이다. 아무리 튼튼하게 만들어진 대리석상이나 건축물이라 해도 지속적인 주스 비의 공격을 감당하긴 힘들 테니까.

세균과 곰팡이가 득실득실

앞서 애기했듯이, 주스는 생명체의 주요 에너지원인 탄수화물의 일종인, 달콤한 맛의 '과당'과 시큼한 맛의 '구연산'을 포함하고 있다. 이 새콤달콤한 맛은 사람들의 혀만 유혹하는 것이 아니다. 각종 미생

물들도 주스 맛에는 환장을 한다. 그 때문에 주스가 조금이라도 고여 있는 곳은 순식간에 미생물 천국이 돼 버린다.

주스 비가 내린 후의 축축함과 풍부한 탄수화물이라……. 미생물이 가장 활발하게 자랄 수 있는 습기와 양분을 한꺼번에 얻었으니, 말 그대로 미생물에게 이보다 더 좋은 곳이 따로 있을 수 없다. 오래지 않아, 각종 세균과 곰팡이들이 주스 비를 먹고 번질 대로 번져 지구를 점령하게 될 것이 틀림없다.

검푸른 곰팡이 빛으로 가득 찬 공기에선 더 이상 비 갠 후의 상쾌함을 느낄 수 없다. 제아무리 달콤한 비가 내린다고 해도, 조금만 시

간이 지나면 기분 나쁜 쓰레기 냄새가 풍기는 세상으로 변신할지니!

장마철은 또 어떨까? 산과 강, 바다 어디에든 시원한 주스가 철철 넘치는 것은 좋지만 '쨍~' 하고 해 뜨는 날 없이 습하기만 한 여름날, 우리의 곰팡이들은 아무런 거리낌 없이 영역을 확장할 수 있는 절호의 기회, 이른바 전성기를 맞게 된다. 이쯤 되면 상큼한 주스 비를 맞는 대신 초록빛 자연은 영영 포기해야 하리라.

그러면 주스 비가 내리는 세상에서 살아야 하는 포유류들의 운명은 어떨까? 일단 만성 피부염에 시달릴 각오를 해야 한다. 주스 비에 촉촉이 젖은 포유류의 수북한 털 속에는 언제나 곰팡이와 세균이 득시

글거릴 테니까. 주스 비를 맞은 후 엉켜 버린 털은 통풍이 잘 되지 않아 곰팡이와 세균의 온상이 되고도 남는다.

갑각류나 곤충처럼 피부가 반들반들하고 딱딱한 동물들만이 주스 비의 공포에서 안전할 수 있다. 어쩌면 주스 비가 내리는 지구는 '갑각류의 전성 시대'가 될지도 모르겠다.

아무리 마셔도 부족하다

사실 주스 비가 내리는 세상에서 가장 심각한 문제는 주스가 물의 자리를 대신했다는 데 있다. 당장 식물은 물을 마음껏 빨아들이기가 힘들어진다. 물은 농도가 낮은 쪽에서 높은 쪽으로 이동하는 습성이

있다. (이것을 '삼투압 현상'이라 한다.) 걸쭉한 진액이 들어 있는 식물의 뿌리는 바로 이 삼투압 현상을 이용해 흙 속의 묽은 물을 흡수한다.

그런데 뿌리의 진액보다 농도가 진한 주스가 스며 있는 땅이라면 어떻게 될까? 뿌리에 들어 있는 진액과 주스의 농도가 별반 차이가 없어서 삼투압이 약해지고, 그만큼 물을 흡수하기가 어려워지게 마련이다. 뿌리의 힘이 웬만큼 강력한 식물이 아니고서는 모두 말라죽을 수밖에 없는 운명이다.

동물도 예외는 아니다. 짠 바닷물을 식수로 쓸 수 없는 것처럼, 일

정 수준 이상으로 농도가 진한 용액은 아무리 마셔도 수분이 몸으로 흡수되지 않는다. 동물의 몸에서 물을 흡수하는 방법도 식물과 같은 삼투압 현상이어서, 동물의 몸 밖으로 배출되는 땀과 소변의 농도보다 진한 주스는 아무리 마셔도 체내에 부족한 수분을 보충해 줄 수 없다.

결국 식수로 이용할 수 있는 물은 땅속 깊숙이 스며들어 충분히 정화된 지하수와 인위적으로 정화시킨 순수한 물뿐이다. 주스 비가 내리는 지구에는 심각한 물 부족 현상이 벌어질 거란 얘기다.

지구의 기후와 해류에도 적색 경보!

주스 비는 식물과 동물의 생리 현상에 영향을 주는 것뿐만 아니라 지구의 기후를 확 바꿔 놓을 수도 있다. 일단 바닷물이 주스로 가득 차게 되면 점성도가 높아지게 된다. 여기서 점성이란 액체가 자신의 흐름에 저항하는 성질을 말하는 것인데, 액체의 끈적끈적한 정도를 뜻한다. 사람이 작은 상자를 들었을 때보다 큰 상자를 들었을 때 움직이기가 더 힘든 것처럼, 주스 안에 들어 있는 설탕이나 과당은 분자의 크기가 커서 주스의 흐름을 방해한다.

주스는 물보다 점성도가 크기 때문에 천천히 흐르게 된다. 점성도가 높은 꿀이 점성도가 낮은 물보다 더 천천히 흐르고, 휘젓기도 더

힘든 것과 같은 이치이다. 이처럼 해류의 점성이 높아지면 그 속도가 느려지고, 그만큼 열이 이동하는 것을 방해하기 때문에 지구의 기후는 심각하게 변할 수밖에 없다.

2004년 7월에 개봉된 할리우드 영화 〈투모로우〉에선 해류의 순환이 중단되어 미국의 뉴욕과 로스앤젤레스 등 중위도 지방이 남극처럼 얼어 버리는 장면이 나온다. (대한민국도 중위도에 있다!) 실제로 지구의 적도와 극지방의 온도 차이가 그나마 지금과 같은 정도로 머무를 수 있는 것은 바닷물과 대기의 흐름이 열을 순환시켜 지구의 열기를 골고루 분산시켜 주기 때문이다.

즉, 바닷물이 지구의 구석구석을 빠른 속도로 순환하지 못하면, 적도는 지금보다 더 뜨거워지고 그 외의 지역(말하자면 지구의 대부분)은 모두 얼어붙게 된다. 주스로 가득 찬 걸쭉한 바다는 결국 북극과 적도의 중간쯤에 있는 한반도를 빙하 지대로 만들어 버릴 가능성이 높다.

감사합니다, 비가 '물'이라서요!

이쯤 되면 실제로 주스 비가 내리는 세상이 온다고 해도 전혀 반갑지 않다. 아무런 맛도 없고 색깔도 없어 밋밋하다고 구박했던 비에게 슬슬 미안해진다. 비록 온 세상을 적시는 우리의 비는 무색무취의 물로 되어 있지만, 그 덕분에 우리가 사는 세상이 제대로 돌아간다고 볼 수 있다.

하늘이 우리에게 비를 운명으로 주었다면, 우리는 그것으로 주스를 만들려고 노력하는 편이 주스 비를 상상하는 것보다 훨씬 행복할 것 같다. 비 갠 하늘에서 느낄 수 있는 가슴 시원한 상쾌함은 비가 적절한 산성도와 이물질 없는 순수함을 지닌 '물'이기에 가능한 것이니까.

자, 이제 하늘에서 내리는 비가 맛있는 주스가 아니라고 불평할 자 누구인가? 이제부터는 비에게 새콤달콤한 주스 비가 되어 달라는 부탁 대신 이렇게 빌어야 하지 않을까?

"아무런 맛이 없어도 좋아요. 그냥, 지금처럼 맑고 깨끗하게만 있어 주세요!"

>> 과일 주스가 술과 식초가 된다? <<

과일 주스에는 단맛을 내는 포도당과 신맛을 내는 아세트산이 들어 있는데, 이들은 술과 식초를 만드는 데 꼭 필요한 원료들이다. 공기 중에 떠돌아다니는 효모라는 미생물이 과일 주스의 포도당 성분과 만나면 에탄올(즉, 알코올 성분)을 생성한다.

이런 과정을 알코올 발효라 하는데, 이때 얻을 수 있는 것이 바로 술이다. 알코올 발효가 잘 일어나려면 통풍이 잘 되어야 하고, 햇볕이 좋고 온도가 28~30℃ 정도로 유지되는 환경이 조성되어야 한다. 그렇기 때문에 주스 비가 내리는 세상에서는 우리나라가 한여름일 때 좋은 술을 가장 많이 만들 수 있다.

알코올 발효로 만들어진 과일주가 한 번 더 발효되면 식초가 된다. 이 과정을 '초산 발효'라고 하는데, 과일주와 같은 술을 오래 놔두기만 한다고 식초가 되는 것은 아니다. 바람이 잘 통하고 햇볕과 그늘이 번갈아 나타나는 장소에서 22~23℃의 온도가 일정하게 유지되어야 초산 발효가 잘 일어나고, 보름에서 한 달 정도가 지나야 천연 식초를 맛볼 수 있다.

주스 비가 내리는 세상에 살고 있는 사람들이라면, 알코올 발효 혹은 초산 발효가 완료될 날을 달력에 표시한 다음, 각자 술잔을 하나씩 든 채 호수와 저수지에 자리 잡고 앉아 자연산 과일주를 마시기만 하면 된다. 요리할 때 필요한 과일 식초도 이런 방법으로 얻을 수 있다.

>> 인공 강우에 대해 잠깐! <<

지구 온난화, 엘니뇨 현상, 도시화 등으로 여름이면 폭염과 가뭄이 점점 더 기승을 부리고 있다. 열대야로 잠 못 이룬 채 뜨거운 태양 아래서 땀을 뻘뻘 흘리다 보면, 비라도 한바탕 내려 주기를 간절히 바라게 된다. 하지만 어찌 된 일인지 하늘에선 비 한 방울 내릴 기미가 보이지 않는다.

가뭄으로 농작물 피해는 더욱 걱정된다. 보다 못한 과학 기술이 하늘을 대신해 레인 메이커, 즉 '비를 내리게 하는 전사'로 나선다. 과학자들이 이용하는 것은 다름 아닌 '인공 강우'! 타는 목마름으로 기다리지 않아도, 기우제를 지내지 않아도 비를 내리게 할 수 있는 방법이다.

이론적으로 인공 강우는 폭염과 가뭄을 식혀 줄 수 있을 뿐만 아니라, 그로 말미암은 식수 부족과 가축 폐사, 수온 상승, 산불 등을 해결할 수 있다. 하지만 지금 당장 이 모든 혜택을 기대할 순 없다. 비를 내리게 하려면 구름 속에 비 씨앗을 심어야 하는데, 씨앗을 뿌려야 할 시점, 구름의 크기에 따라 변하는 씨앗의 양, 그것이 제대로 작용하기 위한 구름의 높이 등 인공 강우를 발전시키기 위해 꼭 알아야 할 조건들이 아직 충분히 밝혀져 있지 않기 때문이다.

유감스럽게도 현재의 기술로는 '날씨를 만드는' 작업은 수십 제곱킬로미터 정도의 규모에 한정돼 있다. 과학 기술이 조금씩 발전하여 우리에게 업그레이드된 선물을 줄 때까지 아직은 좀 더 기다려야 할 것 같다.

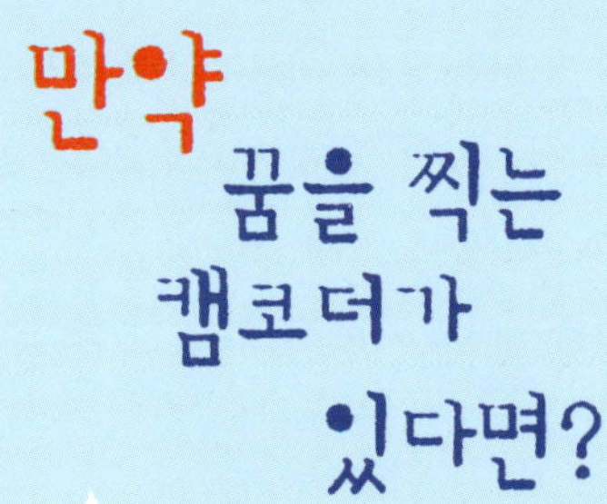

이룩할 수 없는 꿈을 꾸고, 이루어질 수 없는 사랑을 하고,
이길 수 없는 적과 싸움을 하고, 견딜 수 없는 고통을 견디며
잡을 수 없는 저 하늘의 별을 잡자.

—세르반테스, 《돈 키호테》 중에서

허락 없이 이메일을 보내어 죄송합니다. 어젯밤 저는 미국의 팝 가수 브리트니 스피어즈와 뜨거운 정사를 나누는 꿈을 꾸었습니다. 녹화가 잘 돼서 화질이 아주 좋습니다! 온갖 체위로 벌이는 15분간의 화끈한 정사 꿈을 단돈 5만 원에 팝니다. 지금 즉시 연락 주세요.

—몽정구리 올림

이런 내용의 스팸 메일을 일상적으로 받게 되는 날을 상상해 본다. 한 2050년쯤이라면 가능하지 않을까? 한국 전쟁을 온몸으로 겪었던 1950년대 사람들이 인터넷과 휴대폰 없이는 단 하루도 돌아가지 못하는 2008년의 서울을 상상조차 하지 못했던 것처럼, 2050년의 세상 역시 그 누구도 실루엣조차 짐작하지 못한다.

입이 딱 벌어질 만한 신제품이 1년에 하나씩만 나온다 쳐도, 2050년은 그야말로 '턱 빠질 만한 세상'이 될 것이 틀림없기 때문이다. 혹시 그 신제품 목록 안에 꿈을 찍는 영사기, 일명 '드림 캠코더'가 들어 있지는 않을까?

뇌의 사고 과정에 대한 이해가 높아져, 꿈을 꾸는 동안 뇌에서 벌어지는 일련의 활동들을 분석해 꿈을 이미지화할 수 있다면, 하룻밤

에도 서너 번씩 꾼다는 꿈을 무의식 저편으로 흘려보내는 일을 막을 수 있을지도 모른다. 미래는 언제나 한없이 너그럽다. 철없는 몽상가의 이런 황당한 상상에도 늘 고개를 끄덕여 주니까.

꿈을 만드는 대뇌 활동을 관찰하다

원리적으로 불가능한 것만도 아니다. 의식과 사고 작용을 위해 신경 세포들이 주고받는 신호는 기본적으로 전기 신호다. 결국 우리 뇌

속의 기본 소자들 역시 컴퓨터나 TV 안에 들어 있는 회로 소자들과 비슷한 언어를 사용하고 있다는 얘기다.

꿈의 생물학적 기전에 대해서는 아직까지 그다지 밝혀진 것이 없지만, 프로이트 이후 새롭게 알게 된 사실들은 꽤 많다. 지난 30년간 수행된 수면 의학자들의 연구에 따르면, REM 수면(rapid eye movement, 눈을 빠르게 움직이는 수면 상태) 동안 뇌는 각성돼 있을 뿐 아니라 정보를 처리할 준비까지 되어 있다는 것이다. 하지만 방 안의 환경이 제공하는 자극이 별로 없기 때문에 대개 기억 속에 저장된 정보를 처리하는 일을 맡는다.

깨어 있는 동안 얻은 정보 중에서 필요한 것은 저장하고 쓸데없는 내용은 지우는 것이 REM 수면의 핵심 임무인데, 그 임무를 수행하는

동안 여러 정보들이 의미 있게 해석되도록 이야기를 합성하는 경향이 있다는 것이다. 그 결과물이 바로 꿈이라는 얘기다.

이들의 연구 결과는 꿈이 무작위적인 뇌의 활동이 아니라 우리가 생각한 것보다 훨씬 더 의미 있는 사고 활동이라는 사실을 알려 준다. 전기 신경 생리학자들이 하는 일이란 게 뭔가? 뇌가 정보 처리 활동을 하는 동안 신경 세포들이 주고받는 전기 신호를 분석해서 정보의 의미를 캐내는 것이 아닌가? 그렇다면 그들의 연구 성과가 결실을 맺는 날, 자는 동안 신경 세포들의 활동 패턴을 분석해 꿈의 내용을 코드화하는 드림 캠코더가 세상의 빛을 보게 될지도 모를 일이다.

가장 은밀한 나만의 일기장, 꿈

드림 캠코더를 머리에 부착하고 잔 후, 다음 날 자신의 꿈을 들여다보는 걸로 하루를 시작하는 날이 온다면 세상에는 과연 어떤 일들이 벌어질까? 우선 '꿈이 흑백이냐, 컬러냐?'와 같은 논쟁은 단번에 사라질 것이다. 정말로 꿈이 예지 능력을 지니고 있는지, '예지몽의 비밀' 또한 밝혀질 것이다. 돼지꿈을 꾸면 다음 날

복권에 당첨될 확률이 얼마나 되는지도 정확한 통계 자료로 계산해 볼 수 있다. (복권 판매 회사에게는 그다지 좋은 소식이 아니겠지만.)

학교의 교실 풍경도 가관일 것이다. 휴대폰에 부착된 꿈 재생기, 이른바 꿈 단말기는 아이들의 필수품이 된다. 수업 시간에 선생님 몰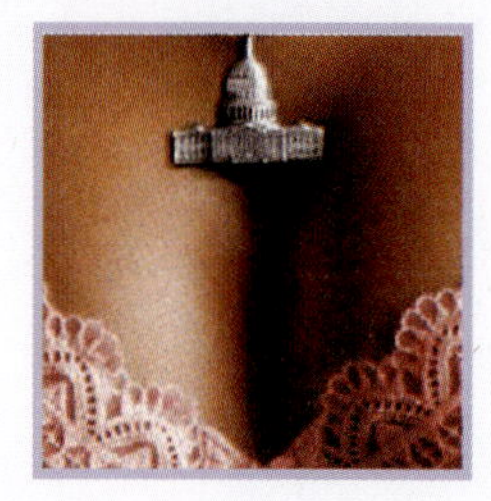래 야한 꿈을 돌려 보며 딴 짓하는 아이들도 생겨날 것이고, 사춘기에 접어든 녀석들은 매일 밤 야한 사진을 손에 거머쥐고 잠자리에 들 것이다. 다음 날 친구들 사이에서 스타가 되기 위해!

여학생들을 위해서는 꿈 다이어리가 등장할 것으로 보인다. 일기장에 드림 캠코더가 달려 있어서 낮에 있었던 일은 일기장에 적고 밤에 자면서 꾼 꿈은 드림 캠코더로 녹화한다. 말 그대로 하루를 알차게 정리할 수 있는 꿈 다이어리가 그들의 소중한 학창 시절을 적나라하게 기록해 줄 터이다. 의식과 무의식 세계 모두를 말이다. 아버지가 딸의 꿈 다이어리를 몰래 훔쳐봤다간 부녀간에 심각한 말다툼이 벌어질지 모르니 주의하라. 꿈 다이어리는 20세기에 학창 시절을 보낸 우리의 비밀 일기보다 훨씬 더 솔직한 일기장이 될 테니까.

영어 선생님은 "영어 공부를 열심히 하면 가끔씩 영어로 꿈을 꾸기도 한다."는 자신의 경험담을 들려주면서, 영어로 꿈을 꾸는 학생들에게 높은 점수를 주겠다고 공약할지도 모르겠다. 영어로 꾸긴 했는데, 혹시라도 몹시 야한 꿈이라면……. 단지 점수를 조금 더 받기 위해 학생들이 그 꿈을 선생님께 제출하게 될까?

이제 세상의 비밀은 없어!

집에서 키우는 강아지의 꿈을 찍는 동물용 드림 캠코더는 아이들의 최고 인기 상품이 될 것이다. 개를 포함해서 대부분의 포유류, 심지어 조류도 꿈을 꾼다는 과학자들의 연구 결과가 사실이라면, 애완동물용 드림 캠코더는 동물들의 다양한 세계를 이해하는 데 중요하디중요한 도구가 되리라.

짓궂은 녀석들은 개를 마구 괴롭혀서 불안으로 가득 찬 강아지의 꿈을 즐길 것이며, 발정기에 이른 개가 꾸는 꿈은 아이들끼리 키득거

리며 몰래 훔쳐보는 꿈 목록 1순위가 될 것이 틀림없다.

경찰서 취조실에도 드림 캠코더를 하나쯤 놔두면 도움이 될지 모르겠다. 용의자를 검거했는데 "사건 현장에는 한 번도 가 본 적이 없다."고 발뺌을 한다면, 자는 동안 꿈을 기록해 두는 것도 증거 포착의 한 방법이 되지 않을까? 꿈 영상 속에 행여나 사건 현장이나 범행 장면이 생생하게 등장하기라도 한다면 빼도 박도 할 수 없는 결정적 증거가 될 수도 있을 테니.

꿈 기록 화면이 재판에서 증거 효력을 지닐 수 있을지 없을지에 대한 유권 해석은 50년 후의 판사들에게 미뤄 두면 되겠지만, 용의자의

꿈 기록이 행여 사생활 침해의 소지가 있는 것은 아닌지 살짝 궁금해
진다.

정신과 의사들은 상담을 하거나 뇌파를 찍는 일 외에 일거리가 하
나 더 늘게 생겼다. 환자가 밤새 꾼 꿈을 모니터링하며 환자의 무의
식 세계에 침잠해 있는 불안과 강박을 엿보는 일을 반드시 해야 할
테니까. 강박 장애나 우울증을 앓고 있는 환자들에게는 드림 캠코더
가 각별한 도움을 줄 것이다.

거리에는 꿈 풀이 점쟁이가 아닌 꿈 분석가가 천막을 치고 들어앉
아 꿈 해석을 해 줄지도 모르겠다. 천막 속에 컴퓨터나 비디오를 구
비해 놓은 채. 꿈의 생생한 기록은 정신분석학을 당당히 과학의 영역
으로 끌어들일 것이다. 정신분석학의 창시자인 지그문트 프로이트가
사실은 자신만의 빨간 색안경으로 세상을 재단했던 고집불통의 남근
주의자였는지, 아니면 무의식의 세계를 최초로 목
격한 날카로운 통찰력의 소유자였는지 곧 만천하에
드러날 것이다.

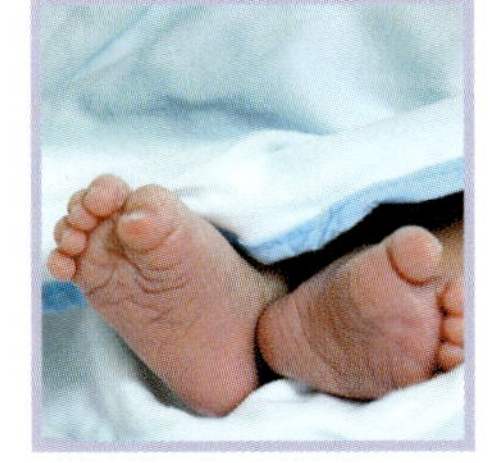

드림 캠코더의 최대 개가는 갓난아기의 꿈을 기록
해, 말로 표현하지 못했던 그들의 사고 형성 과정을
조금이나마 엿보게 되는 것이 아닐까? 물론 뚜렷한 형상은 없고 단순
한 소리와 무늬 등 추상적인 이미지들로만 가득 찬 꿈이라 해석이 난
해하고 몽환적인 분위기가 느껴지겠지만, 찬찬히 분석해 보면 뱃속에

만 있던 갓난아기가 갑자기 나온 세상에 대해 얼마나 다양한 대뇌 반응을 보이는지 확인하고 경이로움을 느낄 것이다. 하루에 23시간 이상 잠만 자는 갓난아기들이 자면서 얼굴을 실룩거리거나 찡그리는 식의 배냇짓을 왜 하는지도 알게 될 테니, 초보 부모들에게는 필수품 중의 필수품이라 하겠다.

그리고 꿈을 찍는 캠코더를 이용해 사랑하는 사람한테 멋지게 프러포즈를 하는 사람도 등장할 것이다. 내 꿈속에 밤마다 나타나는 그녀의 영상을 모두 모아 편집한 다음, 청혼 반지를 끼워 주며 이렇게 말하겠지.

"난 잠들면 늘 네 꿈만 꿔. 너는 내 꿈의 주인공이야! 내 의식과 무의식을 모두 바쳐 널 사랑해. 나와 결혼해 줘!"

이 낯간지러운 청혼이 먹혀들어 결혼에 성공할 경우, 자기 꿈 관리에 각별히 신경을 쓰지 않으면 안 된다. 혹시나 '다른 여자' 꿈을 꾸다가 들키는 날엔 그야말로 아작이 날 테니까.

드림 캠코더, 우리의 무의식을 폭로하다

각 지방의 도청이나 시청에서는 고추 아가씨나 해삼 아가씨를 뽑는 대신, 폭발적인 인기를 모을 '꿈 필름 페스티벌'을 개최할 것으로 예

상된다. 잘 짜인 코미디나 실존 작품들을 방불케 할 꿈 필름들이 영화제의 레퍼토리를 장식할 것이다. 작품을 제출한 출품자 모두가—의식의 흐름이 아닌—'무의식의 흐름' 기법을 이용한 차세대 제임스 조이스라 자처할지도 모르겠다. 휠체어에 앉아 생활하는 장애인이 아내와 잔디밭을 나비처럼 훨훨 날아다니는 꿈이 관객들을 감동의 도가니로 몰아넣으며 대상을 수상하는 시상식 장면을 상상해 보는 것도 재미있겠다.

소설가와 영화 감독들은 자신들의 빈약한 상상력을 꿈 필름으로 메울 것이다. 영화 감독에게는 매일 15분짜리 단편 영화 서너 편이 선물처럼 주어질 테니 얼마나 풍요로워질까? 아니, 어쩌면 꿈을 찍을 수 있는 캠코더가 생긴다면 우리 모두가 예술가가 될 수도 있다. 누구나 '자신도 어떻게 나올지 모르는 단편 영화를 밤새 찍는' 영화 감독이 될 테니까.

과연 영화와 꿈 필름 사이의 차이점은 무엇일까? 꿈은 의도된 창작물이 아니어서 자신의 작품(?)을 자신이 제어할 수 없다는 단점이 있겠지만, 예술적 창조가 꼭 의지의 작용으로 만들어져야 하는 건 아니지 않은가! 데 쿠닝이나 프란츠 클라인처럼 액션  페인팅을 통해 추상 표현주의를 펼쳤던 화가들에게도 결국 우연적 요소가 창조력의 원천이었다는 점을 상기해 본다면, 꿈 필름은 우리에게 '도대체 예술 창작이란 무엇인가'를 다시금 고민하게 만든다.

　그러나 무엇보다도 이런 상상의 세계에서 최대 골칫거리는 야한 꿈을 사고파는 거대한 '꿈 거래 암시장'의 등장이다. 인기 연예인이 등장하는 꿈은 비싼 값에 팔릴 것이며, 마약 복용자의 환각 상태 꿈도 인기 만점일 것이다. 실제 화면과 구별하기 힘들 정도로 사실적인 꿈 필름들 속에는 온갖 변태적인 상상력이 만들어 내는 추잡한 무의식의 세계가 펼쳐질 것이다.

　하룻밤에도 수억 편씩 쏟아질 꿈 필름들은 자본과 상업주의의 손아귀에서 과연 자유로울 수 있을까? 자신의 무의식을 시장에 내다 파는 '영혼의 매춘부'들을 우리는 무엇으로 설득할 수 있을까?

　무료한 일요일 오후 백일몽 같은 드림 캠코더가 불러일으킬 온갖 현상들을 상상하다 보면, 그 기저에는 '인간의 무의식은 솔직하다'는 테제가 깔려 있다. 드림 캠코더는 원초적인 욕망과 불안으로 가득 찬 밤의 세계를 온전히 낮의 세계로 폭로할 것이다. 세상에서 가장 솔직한 다큐멘터리—꿈. 만약 당신의 무의식을 영상으로 기록할 수 있다면, 당신은 그것을 공개할 용기가 있는가?

*이 글은 《상상》(정재승 외 지음, 휴머니스트, 2003)에 실렸던 글을 수정한 것이다.

꿈을 찍는 캠코더에 잡음이 심해요 

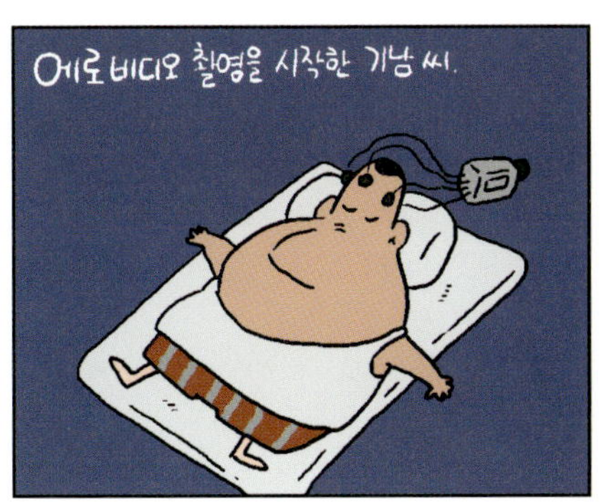

프랑스의 철학자 데카르트는, 원숭이들이 원하기만 하면
언제든지 말을 할 수 있을 것이라고 생각했다. 그러나 그렇게 되면
사람들이 혹시라도 자신들에게 일을 시킬까 봐 침묵하고 있는
것이라고 믿었다. 아프리카 남부에 사는 부시먼족은 모든 동물들이
말을 하던 시절이 있었다고 믿고 있다. 어쩌면 동물들은 우리가
상상하는 것보다 훨씬 더 많은 능력을 지니고 있을지도 모른다.

—호르헤 루이스 보르헤스, 아르헨티나 소설가

사람과 가장 친한 애완동물은 단연코 개다. 온순하고 영리한 데다 용맹하고 의리가 있어, 무려 12,000여 년 전부터 사람들과 함께 살았다. 1,500년 전 고양이를 집에서 키우기 전까지, 개는 사냥을 돕거나 짐을 나르거나 집을 지켜오며 사람들의 사랑을 독차지해 왔다.

요즘엔 원숭이나 새는 물론, 이구아나나 너구리처럼 독특한 애완동물들을 키우는 사람들이 많이 늘었다. 하지만 빌딩이 도시를 빼곡히 메우고 아파트에 사는 사람들의 수가 전체 인구의 50%가 넘는 21세기에도, 개는 여전히 외로운 현대인들의 삶에서 떼려야 뗄 수 없는 동반자임을 부인할 수 없다. 그런데 만약 이 귀엽고 온순한 개가 짖을 때마다 입에서 불을 뿜는다면 세상은 어떻게 변할까? 사자나 호랑이, 악어 등 사납기로 소문난 맹수도 뒷걸음질칠 수밖에 없는 불개를 만약 집에서 키우게 된다면, 도시 문화는 어떤 식으로 바뀔까?

불개, 도시 문화를 바꾸다

사람들은 아주 오래전부터 불을 뿜는 동물을 동경해 왔다. 그 대표적인 예가 바로 용가리의 형, '용'이다. 비록 무한한 상상력으로 빚어낸 가상의 동물이지만, 용은 우리나라를 비롯한 동양에서는 물론 서

양에서도 오랫동안 많은 사랑을 받아 왔다.

유전 공학을 중심으로 한 현대 과학은 상상 속에서나 가능했던 용을 비슷하게나마 탄생시킬 정도로 발전했다. 자, 과학자들의 피나는 노력으로 입에서 불을 뿜는 동물에 대한 연구가 결실을 맺었다고 가정해 보자. 어떤 동물에게 불을 뿜는 능력을 주는 것이 좋을까?

성질이 포악한 동물에게 불을 뿜는 능력을 주었다가는 사람에게 오히려 위험할 수가 있다. 사람을 잘 따르고 위협적이지 않은 동물을 선택해야, 입에서 불을 뿜는 그 신기한 광경을 안심하고 즐길 수 있을 것이다. 그렇다면 선택은 하나. 충성심 강하고 길들이기 쉬운 동물 중에서 '개'만 한 녀석이 없지 않은가!

심사숙고 끝에 '개'에게 불을 뿜는 능력을 부여하기로 결정! 이른바 새로 탄생한 애완용 '불개'이다. 불개가 탄생했다는 소식이 뉴스로 전해지자마자, 불개는 전국 방방곡곡으로 순식간에 팔려나간다. 처음

에는 위험하다고 생각했던 사람들도 작고 신기한 이 애완동물을 구입하기 위한 대열에 너나없이 합류를 할 것이다. 바야흐로 우리는 이제 집 안에서 편안하게 나만의 애완동물이 벌이는 불쇼를 관람할 수 있게 된 셈이다.

우선 불개는 기대 이상으로 사람들의 조수 역할을 충실히 해낸다. 가스레인지가 없어도 걱정 없다. 개가 내뿜는 불로 프라이팬을 너끈

히 데울 수 있으니까. 발갛게 달궈진 프라이팬에서 요리된 계란 프라이는 여태껏 우리가 맛보지 못한 '재밌는 맛'을 선사한다.

텔레비전에서 방영되는 〈주말의 영화〉를 시청하다가 입이 심심해지면, 즉석에서 편한 자세로 마른 오징어를 구울 수도 있다. 한 손에 오징어를 든 채, 다른 한 손으로 불개의 목덜미를 쓰다듬어 주면서. 불개는 주인이 입에 문 담배에 불을 붙여 주는, 갸륵하기 그지없는 애교로 흡연자들에게 각별한 사랑을 받기도 한다.

자유자재로 불을 뿜을 수 있는 개는 세상 곳곳에서 자신만의 독특한 역할을 해낸다. 뜻밖의 장소에서 맹활약하는 견공들, 이른바 산업견이라 불리는 개들이 그 대표적인 예다. 산업견들은 대개 커다란 몸집에 목청이 좋은 종들이 동원된다. 5~6마리의 덩치 좋은 산업견들이 보일러를 빙 둘러싸고 컹컹 짖으면, 보일러의 물이 끓어 터빈을 돌릴 수 있을 정도로 화력 좋은 불을 얻을 수 있다. 산업견들은 소각장에서 쓰레기를 태우기도 하고, 가마터에서 도자기를 굽기도 한다.

한밤중에 남의 집 담벼락을 살금살금 타넘는 밤손님들에겐 이제 불개를 만났을 때 '은밀하게 불을 꺼 주는 휴대용 소화기'가 무엇보다 중요한 필수품이다. 행여 실수로 휴대용 소화기를 깜빡 잊고 작업(?)에 착수했다간 온몸에 화상을 입고 병원 신세를 져야 할 테니까. (아,

불쌍한 어리버리 밤손님, 안습!) 입장을 바꿔 보면, 대문에 걸려 있는 '불개 조심'이란 팻말이야말로 최고의 방범 시설이 되는 셈이다. 불개가 등장한 이후 밤손님이 많이 줄었다는 소식이 여기저기서 들린다.

불개, 동물의 제왕으로 등극하다

불 뿜는 개는 보통 개들과는 다른 문화 속에서 살게 될지도 모른다. 이 녀석들은 이제 불에 구운 고기에 맛을 들여 날고기를 기피하고, 알아서 고기를 구워 먹는 문화를 갖게 될지도 모르기 때문이다. 기호에 따라 레어(rare), 미디엄(medium), 웰 던(well-done) 식으로 고기를 익혀서 먹는 개의 모습은 생각만 해도 재미있다.

암컷을 유혹하는 수컷 불개의 구애 작전에선 어느 서커스단 못지않은 불쇼가 벌어질 가능성이 크다. 암캐에게 선택받기 위해 근사한 불쇼를 보여 주며 애쓰는 수캐. '슈우~' 하고 한바탕 시원하게(?) 불을 내뿜은 수캐는 암캐를 그윽한 눈빛으로 바라보며 이렇게 속삭인다.

"나는 이렇게나 뜨거운 놈이야."

용기 있는 남자가 미인을 얻는다고 했던가. 이젠 뜨거운 개가 미견(美犬)을 얻는다. 불개의 세상에선 불 잘 뿜는 수컷이 맘에 드는 암컷을 차지한다.

사람과 함께 사는 불개는 주인에게 애교도 부리고 예쁜 짓도 많이 하는 애완동물이지만, 밀림에 들어서는 순간 기세등등한 제왕이 된다. 야생의 초원에 사는 동물들은 불을 매우 두려워하기 때문이다. 제아무리 날카로운 송곳니를 가진 사자라 할지라도 불개 앞에선 '불판 위의 생선'일 수밖에 없다. 오, 사자를 호령하는 하룻강아지의 기세등등함이란!

견고했던 자연의 질서는 이렇듯 한순간에 무너져 버린다. 개는 그저 불만 토해 냈을 뿐인데. 이제 '개 같은 인생'은 '뿜어지는 불의 열기만큼이나 화끈하고 밀림의 제왕같이 위풍당당한 삶'을 일컫는 말이 된다. 누구나 '개 같은 인생'을 꿈꾸는 세상이 된 것이다!

우리 개, 불개 만들기 프로젝트

입에서 불을 뿜어내는 개, 과연 전설 속의 용처럼 그저 상상 속에서만 그려 볼 수 있는 존재일까? 설령 개의 생존에 도움이 된다 해도, 진화 과정을 통해 개들이 불을 뿜는 날은 요원할 것 같다. 하지만 과학이 개입하면 아주 불가능한 것만은 아니다. 그럼 지금부터 과학자들의 연구 결과를 바탕으로 불개를 한번 만들어 볼까? 단, 몹시 위험한 일이니 어린이들은 절대 따라하지 말 것! (못 만들까 봐 걱정돼서 그러는 것, 절대 아님!)

첫째, 메탄가스를 이용하라. 우리 몸에서 생성되는 방귀나 트림의 성분 중에는 메탄이라는 인화성 가스가 있다. 이 가스에는 불이 쉽게 붙는다. 그러니 먼저 개의 입 속에 이런 메탄가스가 분사되는 노즐을 달고, 몸속에 메탄가스를 저장할 수 있는 통을 설치한 다음, 짖을 때마다 입 안에서 메탄가스를 뿜어내게 해야 한다.

이처럼 메탄가스는 불을 만드는 주요 원료 역할을 하기 때문에, 고온의 불을 일정하게 뿜어내야 하는 산업견들에게는 매번 고구마와 꽁보리로 만든 특식이 제공되어야 한다. 쉴 새 없이 불을 내뿜기 위해선 연료 격인 메탄가스를 빵빵하게 채워야 하는데, 대장에서 고구마와 꽁보리만큼 메탄가스의 발생을 촉진시킬 수 있는 음식이 없기 때문이다. (큰 소리의 대용량 방귀를 만들어 내는 비법이 정말 궁금하다면, 여러분의 아버지께 조용히 물어보시라.)

둘째, 메탄가스를 모아라. 대장에서 생긴 메탄가스는 대장의 운동에 의해 항문으로 빠져나오기 쉽다. 몸속에 준비된 가스통으로 모여야 할 메탄가스가 방귀로 뿜어져 나오면 여간 큰일이 아니다. 그렇기 때문에 방귀로 나오기 전에 메탄가스를 노즐과 연결된 가스통으로 끌어올릴 수 있는 특수 장치가 꼭 필요하다.

우선 가스통의 내부에 메탄가스를 없앤 다음 가스통과 대장을 호스로 연결한다. 그러고 나면 메탄가스는 생기는 족족, 대장에 비해 메탄가스가 적은 가스통으로 이동하게 된다. 하지만 가스통에 메탄가스가 차츰차츰 차다 보면, 어느 순간 가스통과 대장 사이의 메탄가스 압력이 비슷해지면서 메탄가스가 거꾸로 대장으로 이동할 수도 있다. 이런 불상사를 막기 위해서는 가스통을 이중(두 칸)으로 만들어야 한다. 메탄가스가 들어오는 즉시 반대쪽 가스통으로 몰아넣어 한쪽 가스통이 늘 비어 있게 하면 된다.

셋째, 정전기를 활용하라. 연료인 메탄가스를 충분하게 공급할 방책이 마련되었다면, 다음에는 어떻게 불을 붙일 것인가가 남아 있다.

이 문제는 겨울철이면 시도 때도 없이 우리를 놀라게 하는 정전기로 쉽게 해결할 수 있다. 정전기로 어떻게 불을 붙이냐고 코웃음 치는 사람이 있다면, 그야말로 큰 코 다칠 소리!

지금으로부터 200년 전 유럽에는 '파우더 몽키'라고 불리던 소년들이 있었다. 그들은 전함의 갑판 아래에서 대포에 쓸 화약 가루를 운반했는데 항상 맨발로 일했다고 한다. 그 이유는 소년들이 이리저리 뛰어다닐 때 몸에 쌓이게 되는 정전기를 발바닥을 통해 땅속으로 다시 흘려보내기 위해서였다. 몸에 정전기가 쌓이면 약한 스파크에도 화약이 폭발할 수 있기 때문이다. 화약 가루가 이 정도로 위험하니,

기체 상태의 가스는 얼마나 불이 붙기 쉬운지 짐작하고도 남는다.

넷째, 전기뱀장어의 전기 발생 조직을 이용하라. 정전기가 일으키는 스파크로 메탄가스에 불을 붙일 방법을 찾았으니, 이제는 정전기의 원천인 전기를 만드는 일만 남았다. 이 문제는 스스로 다량의 전류를 만들어 내는 능력을 가진 전기뱀장어가 간단히 해결해 줄 수 있다.

먼저 전기뱀장어가 가진 전기 발생 장치의 일부를 불개의 아래턱에 이식한다. 그리고 짖을 때만 스파크를 일으킬 수 있도록 불개의 성대와 전기 발생 조직을 연결한다. 그러고 나면, 성대가 전기 발생 장치의 스위치 역할을 하게 된다. 불개가 성대의 근육을 이용해서 짖을 때마다 전기 신호가 전기 발생 장치로 전달되어 전기를 만들어 내는 것이다.

마지막으로, 전기 발생 조직의 양쪽 끝에 두 전극을 연결하고, 이 두 전극을 불개의 위아래 앞니에 이식한다. 이렇게 하면 불개가 짖을 때 메탄가스가 입 밖으로 나오는 동시에, 앞니 끝에 달린 두 전극 사이에서 스파크가 일어나 메탄가스에 불을 붙일 수 있게 된다. 이렇게 하면 드디어 불개 탄생!

이로써 우리 집 복슬 강아지는 불개가 되기 위한 모든 준비를 마쳤다. 이렇게 전기뱀장어의 전기 발생 장치까지 동원해서 불을 뿜을 수 있는 개를 만드는 데 성공한 '국제 불개 협회'는 원하는 사람들에게 불개를 분양하기 시작했다.

자나 깨나 불개 조심, 불개 트림 다시 보자

불개 덕분에 신기하고 재미있는 경험을 많이 할 수는 있지만 애완견으로 키우는 일이 그리 쉽지만은 않다. 덜떨어진 개가 시도 때도 없이 불을 내뿜는다면 그야말로 집안 꼴은 '개판'보다 더 심각해지기 일쑤일 테니 말이다. 또한 낯을 많이 가리는 불개는 이웃 주민들에게 매우 위협적인 존재가 될 수 있다.

불개를 잘 키우려면 개집과 개목걸이에도 각별히 신경 써야 한다. 고온에서 견딜 수 있는 내열 강화 플라스틱으로 집을 만들어 수시로

내뿜는 불에 타지 않도록 주의해야 하고, 개목걸이 역시 힙합 스타일의 메탈 소재여야 한다. 개줄이라고 해서 아무거나 썼다가는 큰 코 다치기 십상이다. 자신이 내뿜은 불 때문에 개집이 홀라당 타고, 그 집에 묶여 있던 개마저 불상사를 당하는 불행한 사태를 초래할 수도 있다. 그 전에 안전한 개집과 목걸이를 마련하는 일은 필수이다.

새 옷을 빼입은 주인의 품에 달려들어 불똥을 떨어뜨리는 칠칠맞지 못한 개도 적지 않아서, 인터넷 애견 카페에는 불개를 키우는 사람들의 하소연이 꼬리에 꼬리를 문다.

거성 박명수 : 반갑다고 품안으로 달려드는 강아지를 안아 주다가 그만 불똥이 떨어졌어요. 새 옷인데. ㅠㅠ 전 그렇게 해서 못 입은 옷만 벌써 네 벌이에요.

부시먼 : 거성 박명수 님, 네 벌뿐이라면 양호한 편인 거죠. 저희 집은 태워 먹은 신발만 해도 열 켤레가 넘습니다.

왕비호 : 흐미, 우리 집은 개 때문에 화재보험 들어놨어요.;;

불타는 치와와 : 우리 집 불개는 자기 불에 자기 털이 다 타요. 그 꼴이 너무 안습!

불개를 키우는 집에선 개를 데리고 동물 병원에 가야 하는 횟수가 늘어날 것이다. 동물 병원에는 자기가 내뿜은 불에 자기 털을 태운 어리버리한 개, 옆집 개와 장난치다 털을 홀딱 태워 버린 개들로 시끌벅적하다. 혹시라도 애완 불개가 감기 증상을 보인다면 즉시 병원 치료를 받아야 한다. 재채기를 할 때마다 소화기를 들고 설치는 것은 번거로울 뿐만 아니라 위험천만한 일이기 때문이다.

감기 증상을 보이는 불개가 혹시 주인에게 애교를 부리려고 다가온다면, 그 주인은 영화 〈매트릭스〉의 명장면을 몸소 찍을 각오를 해야 한다. 물론 그땐 불똥이 총알을 대신하겠지만. 어쩌다 메탄가스가 불완전 연소라도 할 때면 검은 연기의 유독성 일산화탄소가 발생해 불개를 키우는 가족들이 가스에 중독될 위험도 배제할 수 없다. 그러니

돈 아깝다고 주저할 것 없이 곧장 병원으로 데려가는 것이 상책이다.

그 외에도 불개들의 숫자가 늘어나면서 예기치 못한 사고들이 곳곳에서 발생하기 시작한다. 통제에서 벗어난 가출견들이 뿜어내는 불로 화재 속보가 뉴스의 절반을 차지하게 된다. 그 바람에 도시의 하늘은 크고 작은 화재 때문에 검은 연기로 얼룩져 예전의 푸른빛을 잃어 간다.

그뿐만 아니라 불을 뿜어내기 위한 원료가 되는 메탄가스가 죄 없는 불개들을 죽음으로 몰아갈 수도 있다. 불개들은 필요 이상의 메탄가스를 체내에 축적함으로써 예고 없이 터지는 폭탄과 다름없기 때문이다. 메탄가스는 LNG, LPG, 수소와 함께 대표적인 가연성 가스에

속하는데, 불개의 몸 안에 높은 밀도로 응축되어 있다가 불시에 산소와 산화 반응을 하게 되면 개들은 그 자리에서 자폭할 수밖에 없다.

실제로 2004년 1월, 타이완 남부 타이난의 도로에서 길이 17m, 무게 60t의 초대형 고래가 폭발하는 사고가 있었다. 고래의 내장이 부패해서 생긴 가스가 폭발한 것이다. 우리의 불개들도 이 고래와 같은 처지에 몰릴지도 모른다. 개는 그저 사람들의 가까운 친구가 되어 준 죄밖에 없건만.

불개들이 겪는 고통은 이것뿐만이 아니다. 짖을 때마다 뿜어지는 불의 열기는 입 주변의 피부 조직을 화상으로 일그러뜨릴 수 있다. 그 모습은 차마 바라보기 힘들 정도로 '안습'이다. 또한 음식물 소화에 중요한 역할을 하는 침 속의 '아밀라아제'라는 소화 효소도 성질이 바뀌어 음식물 소화에 문제가 생긴다.

소화 효소의 성질을 변하게 만든 건 역시 불! 소화 효소의 주성분인 단백질은 일반적으로 온도가 높아지면 소화 효소의 작용 능력이 좋아지지만, 60℃ 이상의 고온에선 단백질로 이루어진 소화 효소가 끓거나 타 버려서 그 능력을 아예 상실하고 만다. 불쌍한 우리 불개들!

안티 불개 협회

개를 사랑하고 불개의 위험성을 경고한 '안티 불개 협회'의 말에 좀 더 관심을 기울이는 게 좋다. 물론 그들이 처음부터 불개 때문에 생기는 사고들을 예견했던 것은 아니다. 단지 개와 사람 모두 자연의 일부로 공생하며 살아가는 동등한 생명체라는 점에서 관점의 차이가 있었을 뿐이다. '안티 불개 협회'는 사람의 즐거움이라는 입장에서가 아닌, 개의 생태학적인 입장에서 '불 뿜는 개'를 고찰하고, "개에게는 불 뿜는 능력이 필요 없다."는 결론을 내린 것이다.

우선 개는 주위의 온도 변화와 관계없이 체온이 일정한 정온 동물이며, 추위를 견딜 수 있는 털을 가졌기 때문에 따로 온도를 높여 줄 불이 필요하지 않다. 사람이 땀을 흘려 체온을 낮추는 방법으로 더위에 적응하도록 진화된 포유류라면, 개는 땀샘이 없는 대신 알래스카의 눈보라에도 견딜 수 있는 두툼한 털이 있어 추위에 강하다.

또한 사람은 빛이 있어야 사물을 볼 수 있으므로 어두운 곳에서는 빛, 다르게 말하면 불이 필요하지만 개의 사정은 전혀 다르다. 개는 시력이 아주 나빠서 대부분의 지각을 후각과 청각에 의존하기 때문에 어둠 속에서 아무리 불을 지펴도 눈앞이 깜깜하긴 마찬가지다.

게다가 사람은 불을 사용할 손이 있기 때문에 음식을 익혀 먹는 문명을 발달시켰지만, 개에게는 불을 도구로 사용할 수 있게 해 주는 '발달한 손'이 없다. 결국 불을 다양하게 이용할 수 없는 개에게 불을

뿜는 능력은 그저 '쇼'의 기능에 불과할 뿐이다. 이런 이유로 '안티 불개 협회'는 불개의 인위적 출현을 그렇게나 반대했던 것이다. 그러나 사람들은 어리석게도 단순히 즐거움에 대한 기대로 우리의 가장 가까운 친구인 개에게 심각한 범죄를 저지르고 만 셈이다.

평범한 애완견과 마지막 춤을

신비 동물을 쫓는 지독한 낭만주의자들의 모험을 다룬 《그래도 그들은 살아 있다》의 저자 로타르 프렌츠조차 불을 내뿜는 동물에 관해선 아무런 언급도 하지 않겠다고 말한다. 그 역시 여린 생명체가 고온의 불을 내뿜는 일은 위험하고 불필요할 뿐 아니라, 생태계의 안정성을 위협한다는 것을 알았던 모양이다.

물론 우리 생활에서 가장 친숙한 동물인 개가 때론 무섭고 때론 귀엽게 불을 뿜는다면, 지금껏 구경하지 못한 새로운 재미를 느낄 수도 있을 것이다. 하지만 불을 뿜는 동물과 한 집에서 사는 건 분명 쉬운 일이 아니다. 어쩌면 우리는 작은 재미를 노리다가 지구상에서 사람과 가장 가깝고 친근한 친구를 잃게 될지도 모른다. 그렇기에 단지 재미있다는 이유로 개가 불을 뿜는 세상을 쌍수 들고 환영할 일은 아닌 듯하다. 신기한 개가 사는 세상은 재롱둥이 애완견과 함께 살던 세상만큼 푸근하진 않을 테니까.

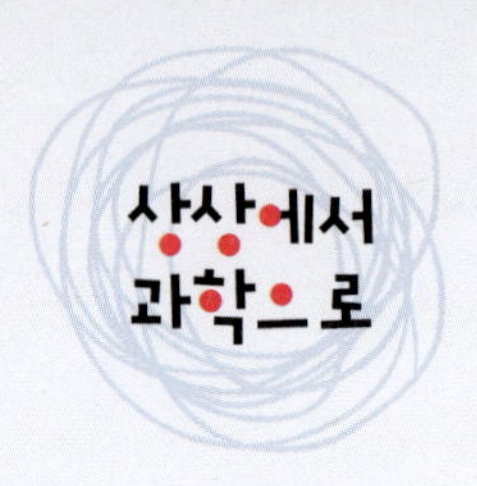

〉〉 메탄가스가 어떻게 가스통으로 이동하지? 〈〈

메탄가스의 이동 원리는 우리가 숨 쉴 때 허파에서 산소와 이산화탄소를 교환하는 원리와 같다. 밀도가 높은 곳에서 낮은 곳으로 공기가 이동하는 현상을 이용한 것이다. 예를 들어 생각해 보자.

크기가 같은 두 개의 방이 밀폐된 채 문 하나를 사이에 두고 연결되어 있다고 가정하자. 먼저 두 방 사이의 문을 닫자. 그리고 한쪽 방에는 산소를 많이, 이산화탄소를 적게 넣는다. 반대쪽 방은 산소를 거의 없게 하고 이산화탄소를 많이 넣는다. 그러면 두 방에는 동일 기체 사이에 압력 차가 생기게 된다. 이 상태에서 두 방 사이의 문을 열면 기체들은 어떻게 될까?

산소와 이산화탄소는 서로에게 아무런 영향도 주지 않은 채 각자의 길을 간다. 산소는 산소가 상대적으로 많은 방에서 적은 방으로, 이산화탄소는 이산화탄소가 많은 방에서 적은 방으로 이동해 가는 것이다. 이것이 바로 허파에서 이루어지는 산소와 이산화탄소의 교환 원리이다.

>> 전기뱀장어, 몸속에 전기가 흐른다? <<

걱정하지 마시라! 거미가 거미줄에 걸리지 않듯 전기뱀장어도 전기에 감전되지 않는 특수한 구조를 가지고 있다. 전기뱀장어 몸 안에는 5,000여 개의 전기 세포가 연결된 줄이 약 140개나 있다.

각각의 전기 세포가 건전지 역할을 해서 전압을 0.15V씩 만들어 내기 때문에 직렬로 연결된 5,000개의 전기 세포는 무려 750V에 해당하는 큰 전압을 만들어 낸다.

또한 각각의 전기 세포가 저항을 0.25Ω씩 만들어 내기 때문에 직렬로 연결된 5,000개의 전기 세포는 약 1,250Ω의 저항을 만들 수 있다. 그런데 140개의 줄이 병렬로 연결되어 있어서 전기 세포에 의한 전체 저항은 1,250Ω/140인 8.93Ω으로 줄어든다. 여기에 물의 저항 800Ω을 더하면 총 저항은 약 809Ω이 된다. 결국 전압에 비례하고 저항에 반비례하는 전류 약 0.93A가 전기뱀장어의 몸에 흐르게 되는 셈이다.

과학자들의 연구 결과에 따르면, 인체 내에 0.05A의 전류가 흐르면 치명적인 손상을 입게 되고, 0.1A의 전류가 흐르면 대개 생명을 잃게 된다고 한다.

다행히도 전기뱀장어의 몸속에서는 전류가 140개의 전기 세포 줄에 고루 나뉘어 흐르기 때문에 각각의 전기 세포에는 약 0.0066A(0.93A/140)의 전기밖에 흐르지 않는다. 그래서 전기뱀장어는 몸속에 전기가 흐르는데도 멀쩡하게 살 수 있는 것이다.

만약 ^캥거루를 집에서 키울 수 있다면?

텍사스에서 온 미국인이 호주에 놀러와 한 목장을 방문했다.
그는 암소 한 마리를 가리키며 무엇이냐고 물었다. 목장 주인이
"저 녀석은 이곳에서 가장 좋은 암소입니다."라고 대답하자,
미국인은 "저 정도 크기면 텍사스에선 송아지라고 불릴 텐데!" 하고는
양 한 마리를 가리키며 "저 정도 크기면 텍사스에선 새끼 양보다
작은걸!"이라며 약을 올렸다. 그러고 나서 미국인은 캥거루를 바라보며
저것이 무엇이냐고 물었다. 열받은 목장 주인은 이렇게 대답했다.
"이 동네 메뚜기입니다."

—호주 유머 중에서

'호주' 하면 제일 먼저 떠오르는 동물은 코알라와 캥거루. 그중에서도 캥거루는 아이들이 가장 좋아하는 동물 중 하나다. 키가 1.5m에 꼬리 길이가 무려 1m. 새끼를 낳은 뒤 육아낭이라 부르는 앞주머니에 넣고 1년 가까이 키울 뿐 아니라, 점프를 잘해서 최대 13m나 뛰어오를 수 있다는 캥거루.

이 귀엽고 사랑스러운 동물은 왜 호주에서만 서식하는 걸까? 호주와 정반대편에 위치한 우리나라에서 캥거루를 키울 순 없을까? 악어나 스컹크를 키우는 사람도 있는데, 이참에 캥거루를 한번 키워 보는 건 어떨까? 그것도 한국에서 유일하게 나 혼자만 캥거루를 키운다면 더 재미있지 않을까?

새끼 캥거루, 한국으로 오다

2007년 5월, 나는 호주에서 태어난 생후 7개월짜리 예쁜 캥거루 한 마리를 사서 한국으로 데리고 왔다. 캥거루의 이름은 망치. 온 도시를 망치로 쾅쾅 치듯이 돌아다닌다고 해서 붙인 이름이다.

망치가 태어났을 때 몸길이는 겨우 2.5cm. 캥거루는 다른 동물들과 달리 임신 기간이 30~40일 정도로 굉장히 짧은 편이다. 엄마 뱃속에서 성장하는 기간이 적다 보니, 망치 역시 몸체가 별로 크지 않을뿐더러 몸무게도 불과 1g밖에 안 되는 미숙한 상태다.

새끼 캥거루는 이렇게 작은 크기로 태어나서 그런지, 엄마 뱃속에서 나온 뒤 육아낭이라는 새끼주머니에서 오랜 시간을 보낸다. 이 육아낭은 암컷만이 가지고 있다. 캥거루의 대부분은 태반이 없거나 발육이 나쁜 새끼를 낳기 때문에 이 육아낭에서 새끼 캥거루에게 양분을 공급하며 함께 생활한다. 새끼 캥거루들도 태어나자마자 어미의 주머니를 귀신같이 찾아간다.

높이가 땅에서부터 40cm나 되는 육아낭을 그 자그만 새끼 캥거루가 어떻게 찾아 올라가는 걸까? 어미 캥거루는 새끼 캥거루가 자신의 몸에서 15배나 떨어져 있는 육아낭으로 찾아가는 것을 돕기 위해 침으로 길을 내어 준다. 새끼 캥거루는 육아낭에서 나는 냄새를 쫓아 본능적으로 앞발로 기어 올라간다. 새끼 캥거루는 후각이 매우 발달돼 있어 냄새만으로도 길을 잘 찾을 수 있다.

망치와 보낸 한국에서의 첫날은 너무나 신기해서 하루 종일 육아낭만 들여다보았다. 육아낭에 대해 새로 알게 된 사실은 주머니 안에 젖꼭지가 4개 있는데, 그중 새끼 캥거루가 선택한 젖꼭지 하나만 발달하고 나머지는 퇴화한다는 사실이다.

생후 6개월 정도가 되면 새끼 캥거루는 육아낭을 자유롭게 들락날락할 수 있을 만큼 성장한다. 망치는 성장이 빨라서 이때 독립을 했지만, 성장이 느린 경우는 6개월이 더 지나서야 독립할 수 있다. 태어난

지 1년이 된 캥거루의 키는 150cm, 몸무게는 무려 35~40kg. 1년 만에 초등학교 5~6학년 어린이의 몸 크기로 성장하는 셈이다. 이제 제법 크게 자란 캥거루를 데리고 세상 밖으로 나가 볼거나.

캥거루와 쇼핑을!

맨 먼저 집 근처의 대형 슈퍼마켓에 갔다. 평일인데도 사람들이 굉장히 많아서 쇼핑카트를 끌고 다니는 일이 만만치가 않았다. 그런 데다 애완동물이라기엔 덩치가 너무 큰 망치까지 데리고 갔으니 난처하

기가 이만저만이 아니었다. 그러던 차에 망치의 큼지막한 앞주머니가 눈에 들어왔다. 씨~익 미소를 짓는 나를 보고 재빨리 눈치를 챈 망치가 도망을 치려 했지만, 오래지 않아 쇼핑카트 안에 있던 짐은 모두 망치의 주머니 속으로 옮겨졌다. 망치가 암컷이라 참 좋다!

사실 캥거루는 주머니가 무거워야 더 잘 뛰어다니는 동물이다. 미국 하버드 대학교 앤드류 비위너 교수의 연구에 따르면, 캥거루가 뛰어오를 때 새끼가 든 주머니의 탄성 에너지가 사용돼 에너지 소모량을 줄일 수 있다고 한다. 새끼가 담긴 육아낭의 탄성 에너지가 캥거루를 더 높이 뛸 수 있게 해 준다는 것이다.

주머니에 과자와 음료수를 잔뜩 담은 채 껑충껑충 뛰어다니는 망치가 다른 사람들 눈에 띄지 않을 리 없다. 처음에는 망치에게 걷는 훈련을 시키려고 무진장 애를 썼지만, 지금은 그것이 불가능하다는 것을 잘 알고 있다. 거대한 꼬리 때문에 걸을 수가 없어서 망치는 그렇

게 껑충껑충 뛰어다닐 수밖에 없는 것이다. 끝이 뾰족한 꼬리는 껑충껑충 뛰어오를 때 평형을 잡아 주거나, 앉을 때 방향을 잡아 주는 세 번째 다리 역할을 한다.

망치를 발견하자 신기해서 만져 보는 사람도 있고, 놀라서 저만치로 피하는 사람도 있다. 특히나 슈퍼마켓에 놀러 온 아이들에게 망치는 그야말로 인기 작렬이다.

　쇼핑을 마친 후 집으로 돌아오는 길. 역시나 망치는 나의 짐꾼 노릇을 톡톡히 해 준다. 쇼핑카트가 짐을 집까지 운반해 주는 꼴이라고나 할까? 앞으로 아기가 있는 집에서는 유모차 대신 캥거루를 활용하는 방법을 적극 고려해 보길 바란다. 육아낭 안에 아기를 누인 채 이동하면 복잡한 도심이나 지하철역 계단에서도 끄떡없다.

　망치를 키운 뒤로, 친구들은 아예 우리 집에 와서 눌러살다시피 한다. 물론 나랑 노는 것이 아니라, 망치랑 노느라 집에 갈 생각을 하지 않는 것이다. 망치의 발가락이 4개인 것도, 점프를 5m 이상 할 수 있다는 것도 모두 신기한 모양이다. 아니, 캥거루에 대한 모든 것

이 마냥 신기한 듯하다.

　캥거루를 사서 함께 권투 시합을 해 보자고 난리를 치는 녀석들도 있다. 개중에는 자기가 직접 망치와 권투 시합을 해 보겠다고 수선을 떠는 친구도 있다. 그런데 이를 어쩌나? 우리 망치는 암컷인걸!

　캥거루는 번식기가 따로 있는 것은 아니지만, 수컷만이 암컷을 차지하기 위해 권투 시합을 방불케 하는 싸움을 한다. 뒷발로 스텝을 밟고 앞발로는 상대방의 얼굴과 몸을 가격하며 싸움을 벌이고……. 그렇게 해서 이긴 수컷 캥거루가 암컷 캥거루를 차지한다. 그러니 만화 같은 것에 종종 등장하는 '육아낭이 있는 캥거루와 권투 시합을 하는 광경'은 과학적인 오류인 셈이다.

　캥거루의 권투는 새 가정을 꾸리는 데에도 필요하다. 수컷 캥거루가 장가를 가기 위해선 장인 캥거루와 대결을 해야 한다. 장인과 한판 시합을 벌인 후에야 비로소 결혼과 분가를 허락받게 되는 것이다.

　우리 망치 앞에서 알짱거리는 친구들아, 우리 망치가 암컷이라 여태 무사한 줄 알아라. 수컷이었으면 너희는 벌써 아작이 나고도 남았을 테니까!

　캥거루는 순발력 또한 가히 상상을 초월한다. 캥거루의 달리기 솜씨 또한 말 그대로 장난이 아니다. 평균 속력이 무려 시속 48km이니, 1초에 약 13m를 달릴 수 있다는 얘기다. 현재 100m 세계 신기록(9.78초) 보유자인 팀 몽고메리와 시합을 하면 2초나 빨리 결승점에 도착하게 되는 셈이다.

도시에 사는 캥거루, 그는 행복할까?

캥거루와 가족이 된다는 것은 생각보다 쉬운 일이 아니다. 캥거루는 야행성 동물이어서 집에서 애완용으로 기르기에는 사실 좀 벅찬 면이 있다. 곤히 잠들어야 할 시간인 밤에 사람만 한 동물이 집 안에서 활개를 치고 다닌다고 상상해 보라. 게다가 호주의 광활한 대지를 마음껏 누벼야 할 망치가 시멘트와 아스팔트로 뒤덮인 도심을 쾅쾅거리며 돌아다니는 꼴을 보고 있노라면 난장판도 이런 난장판이 또 없다.

늘씬한 몸매와 점프력 좋은 긴 뒷다리를 가진 캥거루는 드넓은 벌판을 맘껏 뛰어다니고 하늘 높이 솟구쳐 오르게끔 온몸이 설계돼 있다. 태어날 때부터 몸에 밴 야성을 잠재우려고 노력하면 노력할수록 망치는 스트레스를 무지무지 받을 수밖에 없다.

망치의 스트레스를 풀어 주기 위해서는 한강 둔치에 산책을 하러 나가기도 하고, 가끔씩 제주도로 데리고 가서 아열대의 기후를 마음

껏 즐기게 해 주는 노력이 필요하다. 호주까지 가서 스트레스를 풀게 해 줄 수는 없는 노릇이니, 나도 망치도 그저 답답할 따름이다.

망치와 함께 이동을 하려면 정말이지 큰맘을 먹어야 한다. 지하철이나 버스를 타려고 하다가 승차 거부를 당한 적도 한두 번이 아니다. 그나마 새끼였을 때는 별 저지를 받지 않았지만, 덩치가 커지니까 위협이 느껴지는지 승차 거부가 자주 발생한다. 이럴 때는 정말 난감하다. 100kg 가까이 나가는 녀석과 함께 택시를 탈 수도 없는 노릇이니 마냥 걷는 수밖에. 그렇다고 개목걸이 비슷한 끈을 매달고 끌어당기면 녀석이 언제 강한 펀치를 날릴지도 모르고…….

망치를 가만히 관찰하다 보면, 축축한 곳의 흙더미나 나뭇잎 사이를 헤집는 모습을 자주 발견할 수 있다. 처음에는 이런 행동이 그저 장난인 줄만 알았는데, 자세히 들여다보니 그 속에서 지렁이와 곤충들을 골라내어 먹는 것이다. 신선한 배추 잎과 과일을 잘 먹긴 하지만, 타고난 식성은 자기로서도 어쩔 수 없나 보다.

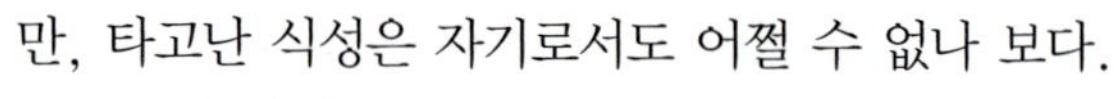

캥거루와 산책하면서 가장 불편한 점은 무엇보다 이 녀석이 앞으로 전진만 할 수 있다는 점이다. 달리기 선수처럼 엄청 빠른 녀석이 뒤로는 못 가고 앞으로만 간다고 상상해 보라. 얼마나 발에 땀을 빼게 하는지……. 전진밖에 모르는 녀석과 산책을 한다는 것은 역시 여간 불편한 일이 아니다.

캥거루에 대한 나의 과오

망치를 가족으로 맞이한 지도 어느덧 1년. 캥거루는 개처럼 짖지도 않고, 밥을 달라고 칭얼대지도 않아서 같이 생활하는 데 생각보다 큰 불편은 없다. 한 가지 아쉬운 점이 있다면, 망치에게 대한민국의 도시는 답답한 곳일 수밖에 없다는 것……. 그렇다면 호주의 도시에선 캥거루를 애완동물로 키우는 사람이 없을까? 만약에 그런 사람이 있다면 몇 가지 조언을 구해 보고 싶단 생각이 팍팍 든다.

호주에서 발간되는 신문을 뒤져 보니, 그곳의 도시에서 캥거루를 애완동물로 키우는 사람들을 위한 조언이 몇 가지 나와 있다. 그런데 그들에게도 캥거루를 애완동물로 키우는 것은 여간 힘든 일이 아닌 모양이다. 일단 캥거루를 키우려면 울타리가 1.8m 이상 되는 넓은 마당이 꼭 있어야 한다고 한다. 또 정기적으로 넓은 공원이나 목장에서 자유롭게 뛰어다닐 수 있게 해 주어야 한다나.

아무리 호주라도 대도시 근처에서 캥거루를 키우는 일은 감히 엄두조차 내기 힘든 듯하다. 캥거루의 고향이자 넓은 평야가 지천인 호주에서도 캥거루를 키우기가 쉽지 않다는데, 친구 한 마리(?) 없는 대한민국에서 캥거루를 키우겠다고 망치를 끌고 왔다니……. 그동안 망치는 얼마나 답답하고 힘겨웠을까?

삭막한 아스팔트 위에서 살고 있는 요즘 아이들에게 자연을 벗 삼은 채 소를 몰고 물장구를 치던 어른들의 추억은 그저 낯선 이야기에 지나지 않는 듯하다.

도시라는 사람들만의 회색 빌딩 숲 속에서, 곶감 소리에 놀라서 벌벌 떨며 무작정 달아나던 호랑이나 밤낮 없이 개골개골 울어 대는 개구리를 만나는 것은 그저 동화 속의 추억이나 낭만일 뿐일까? 사람도 결국엔 지구에 살고 있는 동물들 중 하나이며, 그들과 공존해야 하는 것이 냉엄한 자연의 법칙인데도.

언젠가는 대한민국의 도시들도 거대한 숲처럼 다양한 동물들이 사

람과 어우러져 살아가는 그런 멋진 곳이 됐으면 좋겠다. 이것이 바로 자신의 서식지에서 홀로 떨어져 고생만 실컷 하다가 결국 호주로 돌아가게 된 우리 망치를 떠나보내면서 불현듯 하게 된 생각이다.

〉〉 I don't know, 캥거루 〈〈

1770년 영국의 유명한 탐험가 제임스 쿡 선장은 항해를 하다가 우연히 호주 땅을 밟게 되었다. 그곳에서 먹을 것을 구하기 위해 숲 속을 헤매다가 우연히 이상하게 생긴 동물을 발견하였다.

그 동물은 앞발이 짧고 뒷다리는 길며 굵은 꼬리를 가지고 있었는데, 무엇보다 신기한 것은 배에 주머니가 달려 있는 점이었다.

쿡 선장은 그 동물이 궁금한 나머지, 말이 통하지 않는 원주민에게 다가가 생김새를 손짓 발짓으로 설명하면서 이름이 무엇인지 물었다. 원주민은 한참 동안 고민하다가 "캥거루(kangaroo)."라고 대답하였다.

얼마 뒤 고국으로 돌아온 쿡 선장은 '캥거루'라고 불리는 동물의 존재를 유럽에 널리 알리게 되었다.

나중에 밝혀진 사실에 따르면, '캥거루'란 호주 원주민들의 토속어로 '나도 모른다(I don't know)'란 뜻이라고 한다. 캥거루처럼 엉뚱한 뜻의 이름을 가진 동물이 세상에 또 있을까. 참, 최근 들어 이 설이 거짓이라는 주장이 살짝 나오고 있다.

〉〉 캥거루에게만 주머니가 있나요? 〈〈

캥거루, 코알라……. 이들의 공통점은 둘 다 호주에 살고, 주머니를 가진 동물이라는 점이다. 그런데 우리 동네 고양이는 왜 새끼를 넣을 주머니가 없는 것일까?

태생이 포유류이긴 하지만 태반이 없거나 제대로 발달하지 못해, 새끼를 키울 영양분이 충분하지 않아서 새끼를 주머니에서 일정 기간 이상 키워야만 하는 동물을 '유대류'라고 부른다.

이들은 다른 포유류에 비해 경쟁력이 떨어져 대륙에 있던 종의 대부분이 멸종했으나, 대륙에서 분리돼 나온 호주와 그 인근 섬에서만 아직도 굳건히 살아가고 있다.

주머니를 가진 동물은 캥거루나 코알라 외에도 주머니쥐, 주머니고양이, 주머니두더지, 주머니개미핥기, 주머니날다람쥐, 웜바트 등 꽤 많이 찾아볼 수 있다.

엉뚱한 상상 기괴한 사람들

만약 사람에게 사슴 같은 뿔이 있다면?

만약 입이 배꼽 옆으로 이사 간다면?

만약 사람의 혀가 두 배로 길어진다면?

만약 사람의 얼굴이 음각이라면?

만약 손가락이 사라진다면?

만약 사람에게 사슴 같은 뿔이 있다면?

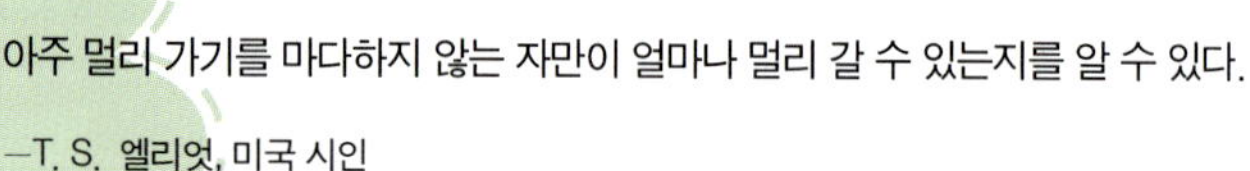

아주 멀리 가기를 마다하지 않는 자만이 얼마나 멀리 갈 수 있는지를 알 수 있다.

―T. S. 엘리엇, 미국 시인

이번 상상은 가볍게 퀴즈로 시작해 볼까? 대한민국 축구 응원단 '붉은 악마'가 있는 곳이라면 어디든지 함께하는 대형 응원기. 그 속에 그려진 붉은 악마는 과연 누구일까? 물론 맞추기가 쉽지는 않을 것이다.

정답은 치우천왕이다. 쇠로 된 이마에 뿔이 달려 있어 도깨비처럼 보이는 치우천왕. 양쪽으로 솟아오른 뿔과 부리부리한 눈, 날카로운 송곳니는 영락없이 우리 머릿속에 존재하는 도깨비의 모습 그대로다. 실제로 도깨비 상상도가 바로 이 치우천왕의 모습을 본뜬 것이라고 하니 그리 놀랄 만한 일도 아니다.

치우천왕은 우리 민족의 배달국 14대 천왕이자 '전쟁의 신'으로서 승리를 상징하는 인물이다. (그래서 붉은 악마 응원기에 그려진 것이다!) 그런데 한 가지 흥미로운 것은 치우천왕이 실존 인물이라는 설이 오랫동안 전해 내려오고 있다는 사실이다.

뿔 달린 도깨비처럼 생긴 치우천왕이 실존 인물이라고? 까마득히 먼 옛날에는 사람의 머리에 뿔이 달리기라도 했단 말인가? 아무리 '믿거나 말거나'라지만 무시무시한 치우천왕이 실제로 존재했다면, 그에게서 가장 부러운 것은 뭐니 뭐니 해도 '무시무시한 뿔'이 아닐까? 바로 그 뿔 덕분에 치우천왕의 모습이 더욱더 용맹스럽게 느껴지는 것일 테니까.

만약 사람들이 사슴과 같은 뿔을 가지고 있다면, 지금과는 뭔가 다른 용맹스런 기백이 풍기지 않을까? 이참에 사람에게도 뿔이 있는 세상으로 상상 여행을 떠나 보는 것도 꽤 흥미로울 것 같다.

뿔 달린 중학생 깨비의 하루

이곳은 모든 사람들이 사슴과 같은 뿔을 달고 사는 세상. 머리에 고깔 모양의 뿔이 달린 중학생 깨비는 아침마다 늑장이다. 중학생이 된 후부터 이마에서 돋아나는 뿔 때문에 잠자리가 불편해서인지, 항상 개운치 않은 몸을 이끌고 욕실로 향한다. 뿔이 제대로 나지 않았던 어린 시절에야 비누칠을 쓱쓱 하고 머리를 대충 감으면 그만이었지만, 이제는 머리를 감을 때마다 손에 걸리는 뿔이 여간 거추장스럽지 않다. (상상해 보시라, 세면대에서 거대한 뿔 머리를 감는 모습을.)

머리카락을 말릴 때도 수건이 뿔에 걸려서 물기를 대충 털어 낼 수가 없다. 머리카락을 빗는 것도 쉽지가 않다. 간혹 헤어드라이기로 머리를 말리다가 머리카락이 뿔에 엉키기라도 하는 날에는 아침 식사도 포기한 채 실타래처럼 엉켜 버린 머리카락을 한 올 한 올 풀어내는 수고로움을 감내해야 한다. 어딘가에 스치기만 해도 긁히고 상처 나는 뿔을 보호하기 위해 귀찮더라도 뿔 크림을 구석구석 발라 주는 노력도 잊지 말아야 한다.

버스와 지하철의 크기는 보통 사람들이 사는 세상의 2배. 콩나물시루 같은 버스나 지하철로 등교를 하다가는 뿔끼리 부딪쳐서 다치거나 뿔이 엉켜 빠져나오지 못하는 일이 자주 일어날 테니, 대중 교통 수단의 크기가 지금의 2배가 되는 것은 너무나 당연한 일이다.

교문 앞에선 학생 부장 선생님의 용의 검사가 한창이다. 요즘은 뿔에 염색을 하는 게 유행이라나? 원래 깨비네 학교 뿔 규정은 매우 엄격해서 50cm 이상 기르면 안 되고, 뿔에 염색을 하거나 액세서리를 착용해서도 안 된다.

그래서 다들 방학이면 뿔 염색을 한다고 난리도 아니다. 깨비는 평소 뿔 염색보다는 뿔걸이가 몹시 탐났다. 하지만 부모님께선 그런 걸 착용하도록 허락하실 분위기가 영 아니다. 귀를 뚫는 것은 몰라도 뿔을 뚫는 것은 절대로 용납할 수 없다며 펄쩍펄쩍 뛰시는데, (내가 뿔을 뚫으면 엄마가 뿔난다!) 그게 뭐 깨비네 집안이 '뿔대(?) 있는 가문'이라서 그렇다나.

잠잘 때 베는 베개의 크기도 이전보다 훨씬 크다. 방 안의 천장은 물론, 자동차 천장도 훨씬 더 높다. 그리고 '모자'는 더 이상 쓸모가 없다. 갖가지 뿔 장식 제품들이 판을 치는 세상이 왔으니, 대머리 아저씨들의 고민은 한마디로 끝!

사슴 모양의 화려한 뿔을 가진 깨비의 단짝 친구 노기용은, 어제 저녁 유명한 뿔 아트숍에서 십만 원이란 거금을 투자해 뿔 염색을 했

다는 소문이 있던데……. 학생 부장 선생님이 지키고 계시는 교문을 무사히 통과했으려나. 그럼 그렇지. 역시나 교문 옆엔 알록달록한 뿔에 책가방을 걸고 꿇어앉아 있는 노기용의 모습이 보인다.

쉬는 시간이 되면 선생님 몰래 감춰 두었던 뿔걸이를 꺼내어 착용하는 아이들이 꽤 있다. 그뿐만이 아니다. 여자 친구와 남자 친구가 커플 뿔 조각을 새기는 일도 허다하다. 생명의 위험을 감수하면서까지……. 오, 사랑의 힘은 역시 위대하도다!

뿔, 뼈일까 피부일까?

점심 시간이 지나고 5교시 체육 시간이 시작되자마자 대형 사고가 터졌다. 노기용이 친구들과 농구를 하던 중, 공이 머리를 쳐서 뿔을 다치는 일이 벌어진 것이다. 노기용이 그토록 자랑스러워 마지않던 화려한 뿔 가운데서, 45°로 휘어져 그야말로 각도가 예술이던 가지 2개가 부러지고 말았다. 기용이는 부러진 뿔에서 흘러내리는 피는 아랑곳하지 않은 채, 여학생들에게 유일하게 뽐낼 거

리였던 예술적인 각도의 뿔이 부러진 사실만이 안타까워서 연방 투덜거렸다.

그건 그렇고, 뿔을 다친 기용이는 지금 정형외과로 가야 할까, 피부과로 가야 할까? 사실 어느 병원으로 가야 하는지는 적절한 치료를 위해 매우 중요한 일이 아닐 수 없다. 그런데 문제는 학생들마다 가야 할 병원이 다르다는 데에 있다. 사람마다 혈액형이 다르고 피부색이 다르듯, 뿔의 모양도 제각각 다르다.

사람의 뿔은 크게 두 가지가 있는데, 그 하나가 노기용의 것처럼 나뭇가지 모양의 뿔이다. 이런 뿔은 이마뼈 가운데의 홈을 중심으로 좌우 양쪽에 나 있는 각심이라는 뿔 돌기가 자라나 생긴 것이다. 이것은 골질이라는 뼈 성분, 그러니까 칼슘 성분의 뿔이다.

기용이의 뿔과 달리, 각심 주위로 모여든 피부가 딱딱하게 굳어서 자라난 뿔도 있다. 이런 뿔들은 속이 비어 있다 해서 동각이라 부르는데, 사람의 머리카락이나 털, 동물의 발굽이나 발톱의 주성분인 케라틴으로 이루어져 있다. 동각은 사슴 뿔처럼 길게 가지를 뻗지 않고 소나 양, 염소의 뿔처럼 짤막하다.

그렇기 때문에 사슴 모양의 뿔을 가진 기용이가 뿔을 다쳤을 땐 정형외과로 가야 하지만, 동각을 가진 친구가 뿔을 다쳤을 경우엔 피부과로 가는 게 옳다.

뿔이라고 다 같은 뿔이 아니야!

신체의 일부인 뿔이 '똑' 부러졌건만 노기용은 뜻밖에도 꽤 여유로워 보인다. 지난번에 같은 반 친구 황소각의 뿔이 부러졌을 때와는 분위기가 사뭇 다르다. 소각이의 뿔이 부러졌을 때는, 부모님이 직접 학교로 달려오시고 담임 선생님도 걱정이 이만저만이 아니었는데.

담임 선생님 말씀에 따르면, 뿔의 성장 주기가 서로 달라서 그런 것이란다. 기용이의 뿔은 사슴 뿔과 같이 매년 새로 돋아나는 데 반해, 소각이의 뿔은 소나 염소의 뿔처럼 평생 머리에 이고 살아야 하는 영구용이었던 것이다.

그러니까 기용이의 뿔은 사슴 뿔처럼 매년 자랐다 떨어졌다를 반복한다. 8월 즈음부터 늦가을까지 다섯 달가량 체내에 칼슘이 쌓여 뿔이 자라나다가 그 이듬해 늦봄에 떨어지는 것이다. 반면 염소나 양, 소의 뿔은 하나의 뿌리에서 평생 동안 천천히 자라난다. 마치 영구치처럼 한 번 나면 죽을 때까지 머리에 이고 살아야 하는 것이다.

　이렇듯 두 뿔의 성격이 크게 다르니, 어떤 뿔을 갖고 있느냐에 따라 관리 방법도 다를 수밖에 없다. 노기용처럼 사슴 뿔을 가진 사람들이야 어차피 1년에 한 번씩 뿔이 나니 부러져도 크게 걱정하지 않아도 된다. 마음대로 염색도 하고 조각을 해도 그만이다. 칼슘이 부족해 뿔이 비뚤비뚤 볼품없이 자라나서 교정하거나 잘라내는 일이 없

도록, 멸치나 우유같이 칼슘이 듬뿍 든 음식을 많이 먹어 주기만 하면 끝!

하지만 황소각처럼 양이나 소의 뿔을 가진 사람들은 사정이 아주 다르다. 평생 동안 딱 한 번 나기 때문에 뿔에 구멍을 뚫거나 조각을 할 때에는 매우 신중해야 한다. 황소각처럼 뿔이 부러져 낭패를 당하는 일이 없도록 공놀이를 조심조심히 하고 격렬한 운동은 자제하는 편이 좋다.

혹시라도 큰 상처가 나면 '부모님이 물려주신 뿔'을 함부로 다룬 녀석이라는 낙인과 함께 평생 동안 가족들의 따가운 눈총에 시달릴 각오를 해야 한다. 특히나 조상이 남긴 뿔을 자손대대로 물려주는 데 큰 의미를 두는 '뿔대 있는 가문'의 사람들은 뿔에 조그만 상처라도 나는 것을 상상조차 하지 못한다. 제사상과 차례상에 신주처럼 모셔진 조상들의 뿔 앞에 어찌 상처 난 뿔을 들이밀 면목이 있겠는가?

뿔은 왜 필요할까?

사슴과 같이 매년 뿔이 새로 돋아나는 동물들은 오직 수컷만이 화려한 뿔을 가지고 있는데, 그들은 이 뿔을 암컷을 유혹하는 데 사용한다. 수사슴의 화려한 뿔은 암컷한테 자신을 뽐내는 데 더없이 중요한 장치이다. 깨비의 친구 노기용이 자신의 뿔을 유달리 화려하고 멋지게 꾸미고 싶어 하는 것도 사실은 여자 친구에게 잘 보이기 위한 전략이다.

　뉴스를 장식하는 폭력 사건들. 언젠가부터 칼이나 총 같은 흉기가 아니라 뿔을 이용해서 잔혹하게 싸운 사건들이 날마다 늘어난다. 사람에게 뿔이 가장 강력한 싸움 수단으로 등극한 셈이다. 사람들은 이제 울퉁불퉁한 근육이나 날카로운 눈매 대신, 상대방이 가진 화려한 뿔의 모양을 보고 얼마나 잘 싸우는 사람인지를 짐작한다. 날카롭고 단단한 뿔의 소유자들은 세상에서 더 이상 무서울 것이 없겠지. 덕분에 뿔 성형도 늘어나려나?

　동물들의 세계에선 이미 오래전부터 뿔을 이용한 싸움이 끊임없이 발생해 왔다. 동물들에게 뿔은 적으로부터 자신을 보호하고 상대방을 공격할 수 있는 도구로 사용된다. 사슴은 번식기에 접어든 암컷에게 다른 수컷이 다가가면 뿔로 받아서 쫓아내거나 죽여 버린다. 때론 자신의 세력권을 지키면서 보다 좋은 목초지를 얻는 데 효과적인 위협 수단으로 사용하기도 한다. 송곳니가 없는 사슴이나 소 같은 초식 동물들에게 뿔은 거의 유일한 공격 무기로서 없어서는 안 될 아주 중요한 기관이다.

　흥미롭게도 뿔이 달린 동물들은 대부분 초식 동물이다. 동물의 왕이라 불리는 사자, 그에 못지않은 맹수 호랑이, 천하 장사 곰에겐 화려한 뿔이 없다. 그렇다면 왜 주로 초식 동물들이 화려한 뿔을 갖게 된 것일까? 육식 동물에게 뿔이 있다면, 초식 동물을 쫓아가 잡아먹을 수 있는 속도를 얻지 못할 테니 그럴 수밖에. 무거운 뿔을 머리에 이고 어떻게 사슴을 쫓아가서 잡아먹으란 말인가!

영양의 일종인 오릭스에게 뿔은 긴 뿔, 나사 모양 뿔, 고깔 모양 뿔 등 뿔의 모양에 따라 제 무리를 구분하는 주민등록증으로 사용된다. (오릭스의 뿔은 뒤로 길게 뻗어 있는 모양이어서 가려운 곳을 시원하게 긁는 데도 요긴하게 사용된다. 뿔이 있는 세상에선 등 긁어 주는 효자손은 사라질 것이다!)

사람에게도 다양한 모양의 뿔이 있다면, 뿔 모양을 보고 그 사람을 판단하는 주민등록증 역할을 톡톡히 하겠지?

초식 동물들에게 뿔이 단순한 장식이 아니라 '생존을 위한 위협 수단'이라면 사람에게는 어떤 의미를 지니게 될까? 우리에게도 뿔이 있다면, 동물들처럼 뿔을 통해 많은 것들을 얻어낼 수 있을까?

사실 사람이란 다른 사람과의 관계 속에서 살아가는 '사회적 동물'이라는 점을 생각해 보면, 뿔이 그렇게 유용할 것 같지만은 않다. 등이야 가려우면 딱히 효자손이 아니더라도 옆사람에게 긁어 달라 부탁하면 될 것이고, 이성을 유혹하기 위해선 멋진 뿔보다는 '사랑의 세레나데'를 부르는 편이 더 효과적일 테니까. (아마도 이런 세상에선 롱다리와 왕어깨 못지않게 '화려뿔'이 매력남의 조건이 되리라.)

심리학자들의 연구에 따르면, 여성들은 우람한 근육질의 남성보다 낭만적인 피아니스트에게 더 강한 매력을 느낀다고 한다. 설령 그게 아니라 해도 사랑하는 사람을 차지하기 위해 날카로운 뿔로 사람을 찌르며 싸우다가는, 사랑하는 사람을 얻기도 전에 감옥 신세를 지게 될지도 모르니 주의하는 게 좋다.

무엇보다 사슴처럼 크고 멋진 뿔을 머리에 달기 위해선 크나큰 희생을 감수해야 한다. 오토바이 헬멧을 써 본 사람은 알겠지만, 사람은 고작 1~2kg 정도 늘어난 무게에도 목이 휘청거린다. 그런데 우리 머리 위에 3년 된 사슴의 뿔을 올려놓는다면?

3년생 사슴의 뿔은 2.5kg 정도. 여기에 보통 사람의 머리 무게 3.5kg와 머리를 통과하는 혈액의 무게 1kg가량을 더하면 머리 무게는 7kg에 육박하게 된다. 이처럼 머리 무게가 지금보다 60% 가까이 증가하면 아예 신체 구조가 변하게 된다.

무거운 머리를 지탱하다 보니 목이 굵어지고 어깨와 목 뒤 근육은

우람해진다. (이런 상황에서 얼굴까지 크면 거의 죽음이다.) 지금과 같은 목 두께를 유지하고 있다간 휘청거리는 머리를 주체하지 못해 목 디스크로 평생 고생할 테니까.

멋진 뿔만 생긴다면, 목이야 좀 굵어지면 어떠냐고? 그런데 문제는 뿔이 생기면 목만 굵어지는 것이 아니라, 엉덩이와 허벅지도 토실토실해지고 다리도 지금보다 훨씬 굵어진다는 사실이다. 단지 뿔 하나 다는 일인데, 왜 이리 몸 구석구석이 난리법석일까?

우리는 무의식적으로 쉽사리 걸음을 걷고 있지만, 알고 보면 그 속에 복잡한 물리학적 법칙이 숨어 있다. 우리 몸의 크기와 위치는 몸의 무게중심을 가장 안정적으로 유지하는 데 기여한다.

그런데 만약 사람에게 사슴 같은 뿔이 머리 위에 생긴다면, 위와 앞으로 옮겨진 무게중심을 안정적으로 유지하기 위해 보다 튼튼한 다리와 허벅지가 필요하게 된다. 따라서 갓난아기들의 걸음마처럼 뒤뚱거리며 거리를 활보하고 싶지 않다면, 머리와 균형을 맞춘 튼튼한 하체는 필수!

몸에 비해 머리가 큰 아기들이 위태롭게 아장아장 걷는 것처럼, 뿔 달린 사람들은 모두 그런 걸음걸이로 거리를 활보한다고 상상해 보라. 그러니 결국 뿔 달린 사람들의 몸은 사슴처럼 가냘픈 모습과는 사뭇 다른, 다리가 짧고 굵으면서 엉덩이가 큰 '하체 비만형 인간'이 될 수밖에 없다.

뿔 달래, 말래?

뿔 달린 사람들의 세상이 깨비의 일상처럼 모두 재미있고 신나지만은 않다. 사람에게 뿔이 있다면 포기해야 할 아까운 것들이 너무 많기 때문이다. 머리에 사슴같이 큰 뿔을 얹은 비보이들에게 헤드스핀을 기대할 수 없을 테고, 터프한 로커에게도 헤드뱅잉이 무리일 것이다. 생각해 보라, 사슴 뿔을 단 사람의 부담스러운 헤드뱅잉을. (상상이 잘 안 된다면, 레게 퍼머를 한 후 하드 왁스로 세워서 한 달만 살아 보시라.)

또한 연인에게 머리를 다정하게 기대는 일도 포기해야 한다. 뿔을 의식하지 못하고 그녀의 어깨에 머리를 기대려다가는, 눈치 없는 뿔이 머리보다 먼저 도착하는 바람에 어정쩡한 자세로 어색한 시간을 버텨 내야 할지도 모른다.

'사회적 동물'인 사람들에게 외모를 꾸미는 일은 상큼한 생크림 케이크를 맛보는 일만큼이나 기분 좋은 일이다. 예쁘고 멋있게 보이기 위한 노력을 아끼지 않는 우리에게 저마다의 개성 있는 뿔은 반가운 선물일 수 있다. 그러나 머리카락과 불편한 잠자리, 뿔 무게의 하중으로 망가지는 몸매 등 신경 써야 할 일들이 하나 둘이 아닐뿐더러, 무엇보다도 성가시기가 이를 데 없다.

　그래서일까? 자연은 직립 보행을 하는 만물의 영장에게 날카로운 뿔 대신 부드러운 뇌를 주었다. 만약 인간에게 거대한 뿔이 있었다면, 우리의 뇌는 지금처럼 커지지 못했을 뿐 아니라 지금과 같은 거대한 문명은 불가능했을지도 모른다.

　휴대폰과 컴퓨터와 자동차가 뿔 하나로 모두 사라질 수 있다니, 이제부터 조심하자. 성낼 때마다 친구에게 듣던 "너, 지금 뿔났니?"라는 말이 얼마나 무시무시한 의미인지 이제 알았으니 말이다. 이제부터는 화도 내지 말자. 어느 날 갑자기 내 머리에 반갑지 않은 뿔이 불쑥 솟아 나올 수도 있으니!

뿔은 패션이다

뿔은 패션이다.

감수성이 예민한 청소년 시기엔 많은 시간을 거울 앞에 서서 뿔을 다듬기도 하고

좀 더 튀어 보이기 위해 노력하기도 한다.
뿔 염색한 ××!!
이리 와!
…
학생 부장

하지만 남기남 씨에겐 그런 추억이 없었다.

오히려 외모에 대한 콤플렉스로 상처받은 날이 많았다.
벅벅!!

그는 대머리다!
빅!
월급 타면 좀 가벼운 뿔로 바꿔야겠다.

인터넷 지식 검색 질문 : 음식 먹을 때, 입으로 말고 배로 바로 넣어도 배가 부를까요?

베스트 답변 : 음식을 장으로 바로 집어넣어도 포만감은 느낄 수 있겠죠. 하지만 사람에게서 입으로 먹는 즐거움을 뺏는다면 너무너무 우울하지 않을까요?

재잘재잘, 조잘조잘, 웅성웅성, 뻥긋뻥

긋……. 쉬는 시간을 알리는 종소리가 울리기만 하면 갑자기 분주해지는 신체 부위가 어디일까? 책상 정리를 하는 손? 잽싸게 매점에 갔다 오는 다리? 땡! 그것은 다름 아닌 '입'이다. 쉬는 시간이 되면 수업 때문에 중단됐던 짝꿍과의 수다가 이어지고, 여기저기서 요즘 유행하는 가요가 흥얼거려지며, 간식을 냠냠 먹으면서 까르르 웃음을 터뜨리는 광경이 수시로 펼쳐진다.

하지만 입이 바쁘게 움직인다고 해서 꼭 즐겁고 유쾌한 장면만 떠오르는 건 아니다. 입 밖으로 아무렇게나 튀어나온 가시 돋친 말들이 사람들의 마음을 아프게 하기도 하고, 심한 욕설로 남의 인상을 찌푸리게 만들기도 한다. 정말이지, 입이 방정이다. 저놈의 입을 하루만이라도 좋으니 멀리 귀양 보내면 얼마나 좋을까?

앗, 내 입이 어디로 갔지?

하루 종일 시끄러운 수다와 소음에 시달려서인지 꿈자리가 뒤숭숭하다. 자명종 소리가 들린다. 이제 일어나야 할 시각. 가까스로 몸을 일으켜 화장실로 간다. 양치질부터 해야지. 습관적으로 칫솔에 치약을 짜고 이를 닦으려는 순간, 뭔가 이상하다.

입이, 입이 벌어지지 않는다. 어떻게 된 일이지? 비몽사몽간에 반쯤 감겨 있던 눈이 번쩍 뜨인다. 거울 앞에 비친 자신의 모습을 본 나는 화들짝 놀란다. 당연히 있어야 할 자리에 입이 없다. 코 밑에는 아무런 흔적도 없이 마치 누가 입을 베어 간 것처럼 하얀 맨살만 있는 것이 아닌가!

"아아악~~~!"

절로 비명이 나왔지만 이 소리 또한 이상하다. 뭔가에 막혀 간신히 비집고 나오는 듯한 가냘픈 소리다. 어디서 나는 소리일까? 분명 얼굴은 아니고, 아래쪽에서 나는 소리이다. 혹시? 후다닥 티셔츠를 올려 보니, 얼굴에서 사라진 입이 배꼽 위에 붙어 있는 것이 아닌가!

이제야 상황이 파악된다. 입이 얼굴에서 배로 이사를 간 모양이다. 입을 귀양 보내고 싶다는 내 소망이 이루어진 것일까? 서둘러 밖으로 나가 보니 다른 사람들도 모두 마찬가지다. 다들 입이 배꼽 옆으로 이사를 간 것이다. 이런, 〈환상 특급〉 같은 일이 벌어지다니! 그래도 그나마 다행이군. 내 입만 이사 간 것이 아니어서.

처음엔 굉장히 당혹스러웠지만, 이 상황이 썩 나쁘지만은 않다. 학교에 가니 교내가 꽤 조용하다. 입이 배에 붙어 있는 세상에선 친구들이 뱃살을 보여 주기 싫어서인지 말을 많이 하지 않는다. 간단한 의사 표현은 눈과 얼굴 근육을 동원해 해결하고, 꼭 필요한 말만 배를 바깥으로 내놓고 입으로 한다.

수업 시간의 풍경도 사뭇 진지해졌다. 선생님은 아이들이 수업 내

용을 잘 들을 수 있도록 웃통을 벗은 채 열심히 강의를 하신다. 배를 쳐다보는 일이 처음엔 조금 민망했지만 생각보다 빨리 적응이 됐다. 어차피 선생님 입을 들여다보는 시간보다, 칠판이나 교과서를 봐야 하는 시간이 훨씬 더 많으니까. 정말 좋은 세상이 왔다. 그렇다면 쓸데없는 말 때문에 고통받지 않아도 되는 행복한 세상이 시작된 걸까?

눈에 보이는 변화가 전부가 아니다

입과 배꼽이 어느새 이웃사촌이 돼 버렸다. 정말 엄청난 사건이다.

그동안 신기하게만 여겼던 복화술을 이제는 누구나 할 수 있게 됐지만, 말을 할 때마다 번거롭게 옷을 들춰야 하니 사람들은 대부분 필요한 말만 하게 된다. (이런 세상에선 만화 속 모든 말풍선이 배에서 시작되겠지!) 개중에는 웃옷의 가운데를 동그랗게 도려내어 입만 밖으로 내놓은 친구들도 있다. 새로운 패션이 시작된 것이다.

그런데 시간이 지나니 문제점들이 하나 둘씩 생기기 시작한다. 조용한 것은 둘째 치고, 우선 식사 시간이 되니 불편한 점이 한두 가지가 아니다. 입이 배에 붙어 있으니 앉아서 식사를 하려면 식탁의 높이가 굉장히 낮아져야 한다. 아직은 처음이라 어색하지만 시간이 지나면 곧 익숙해지겠지.

그런데 어쩐지 먹는 것이 시원치가 않다. 입이 얼굴에 붙어 있었을 때는 치아를 지탱하는 턱뼈가 제자리를 지키면서 음식을 씹을 수 있었는데, 지금은 뱃살들 때문에 입을 아래위로 움직이기 여간 힘든 것이 아니다. 치아의 움직임도 예전만 못하다. 턱뼈가 발달하기 힘들어서 치아의 움직임이 복근에 의존하다 보니 무엇보다 음식을 잘 못 씹겠다. 턱뼈가 없는 입은, 철골 구조는 사라지고 콘크리트만 남은 아파트 같다고나 할까?

문제는 여기서 끝나지 않는다. 입의 위치가 바뀜으로써 몸속 소화 기관의 구조도 많이 달라졌다. 우리의 입은 단순히 씹는 기계가 아니라 식도, 위, 장으로 이어지는 기다란 소화관의 입구라 할 수 있다. 입이 배꼽 위로 왔으니 소화관이 목과 가슴을 타고 내려와 위와 대장으로 연결될 이유가 없다. 입과 위의 위치는 예전과는 달리 엄청 가까워졌고, 입에서 위까지 연결되었던 긴 소화관은 어디에 두어야 할지 마땅한 공간을 찾기가 힘들다.

우리의 현명한 몸은 어떤 방법으로 이 문제를 해결할까? 식도가 변화된 신체 구조에 맞추어 길이가 짧아지고 소장과 대장을 피해 배에서 바로 위의 하단부에 연결될 수 있다. 또는 입에서 위쪽으로 올라갔다가 다시 돌아 내려오는 방식을 취할 수도 있다. 즉 지금처럼 음식물이 위에서 아래로 내려오는 구조와는 달리 아래에서 위로, 또는 원을 한 바퀴 그리며 내려오게 되는 것이다.

하지만 이렇게 중력을 거슬러 음식물을 올려 보내야 하는 소화 기관 구조란 에너지를 더 많이 필요로 할 뿐 아니라 부자연스럽고 비효율적일 게 틀림없다. 또한 물구나무를 선 채 밥을 먹기가 힘들 듯이 삼키는 것도 쉽지가 않다. 음식물을 어렵게 식도로 넘겨도 도로 나올까 봐 겁이 날 지경이다. 물론, 우리가 치약을 짜내듯이 소화관은 음식물을 계속해서 다음 소화 기관으로 보내는 연동 운동을 하지만, 중력을 무시할 수는 없는 법!

게다가 입이 위장보다 낮은 위치에 있으니 산도가 높은 위액이 식도를 타고 내려와 소화관을 갉아먹고 쓴맛을 내며 입 냄새를 일으키기도 한다. 물을 뿌리에서 꼭대기까지 운반하는 식물이면 또 모를까. 아래에서 위로 소화를 진행하는 동물을 여태껏 찾아볼 수 없었다는 점만 봐도, 왜 지금까지 입이 배에 달린 고등 동물이 없었는지 짐작이 간다.

입으로 내는 뱃소리는 과연?

식사를 마친 후 양치질을 한다. 입 안이 잘 보이도록 거울 앞에 앉아 있다. 이를 닦고 물컵을 배로 가져가 입으로 마신다. 입이 물을 뱉기 쉽도록 허리를 앞으로 기울여 주는 수고도 잊지 않는다. 감기가 걸리면 쓰던 입마개도 복대로 바꾸었다. 입과 코를 동시에 막을 수 없으니, 2개를 각각 착용해야 한다.

마침 전화벨이 울린다. 소파 위로 달려가 내 몸통만 한 길이의 수화기를 집어 든다. 길쭉한 수화기의 한 쪽은 귀에, 다른 쪽은 소파 위에 앉은 내 배 위에 올린다. 그런데 전화를 받는 내 목소리는 어떻게 들릴까?

몸에 대한 약간의 생물학적 지식을 가진 사람이라면 이것이 어려운 질문임을 알 수 있을 것이다. 사실 배에 붙은 입이 말을 할 수 있다는 것 자체가 조금 의심스럽지만, 그것이 '말'을 만들려면 단순히 소

리를 생성시키는 것으론 충분하지 않다. 우선 폐에서 공기의 흐름을 생성시켜야 하고, 성대, 혀, 잇몸, 입술 등의 조음 기관을 통해 그 흐름에 장애를 줌으로써 기류를 변형시켜야 한다.

입이 배에 있어도 폐에서 발생된 공기를 아래쪽으로 뻗은 성도(聲道)를 따라 이동시켜 입으로 나가게 할 수 있다. 동일한 조음 과정을 거친다면 그 소리는 과연 우리 목소리와 비슷할까? 목소리는 목과 코, 그리고 광대뼈 안쪽의 공간에서 마지막으로 공명하는 과정을 거쳐야 비로소 풍부하고 울림이 있는 소리로 완성된다.

하지만 위치가 바뀐 입 주위에는 우선 코가 없으니 코맹맹이 소리

가 날 것이며, 코와 목, 광대뼈의 안쪽 공간 대신 두둑한 뱃살밖에 없을 테니 둔탁한 목소리가 나올 것이다. 은쟁반에 옥구슬 굴러가는 듯한 "여보세요?"는 이제 영영 들을 수 없다는 얘기다.

설령 목소리를 겨우 낼 수 있다고 해도 지금 우리처럼 유창하고 빠른 언어를 구사할 수 있을지도 의문이다. 말을 할 때 입이 움직이려면, 그 주변에 있는 근육들이 움직여야 한다.

그 근육들이 섬세하게 발달될수록 입이 더 자유롭게 움직일 수 있는 것은 당연한 일! 그런데 배의 근육은 얼굴에 분포한 근육처럼 섬세하지 못하다. 지금 입고 있는 윗도리를 조금씩 들춰 올리고 자신의 배를 살펴보자. 섬세한 근육들이 보이시나요?

먹는 즐거움이 예전 같지 않다

입이 배꼽 옆으로 이사를 가면서 발생한 소화관의 문제는 둘째 치고 먹는 문화가 정말 많이 바뀌었다. 길거리에 서서 떡볶이나 오뎅을 먹는 광경은 이미 사라졌다. 입으로 떡볶이를 가져갔다가 근사한 양복에 묻기라도 하면 어쩌랴. 눈이랑 멀어진 입으로 제대로 조준하여 넣기가 영 쉽지 않다. 이런 세상에선 배꼽티가 필수품이다.

음식점 분위기도 사뭇 다르다. 가게 안에는 샌드위치, 주먹밥, 케이크 등 간단하게 먹을 수 있는 음식들이 가득하다. 특이한 점은 구석에 일렬로 주욱 앉은 채 웃옷에 뚫린 구멍을 통해 음식물을 입으로 가져간다. 제각각 혼자 먹는 분위기다. 친구들과 삼삼오오 모여앉아 떠들며 식사를 즐기는 예전의 식당과는 영 딴판이다.

목소리마저 낮은 음으로 바뀌다 보니, 웅성거리는 소리도 예전과 많이 달라졌다. 음식을 먹는 즐거움의 반은 음식 냄새를 맡으며 먹는 것인데, 코와 입 사이가 멀다 보니 냄새 따로 맡고 먹는 것 역시 따로 해야 한다. 에이, 재미없어!

살이 찐 아저씨들은 남들 앞에서 밥 먹기가 힘들어졌다. 살찐 배 위에 드러난 입은 마치 바람을 빵빵하게 넣은 뒤 매듭을 지은 풍선의 꼭지와 같다. 볼살이 많다고 남들 앞에서 밥을 안 먹냐고? 뱃살은 볼살이랑 무게가 다르다! 사람들은 이런 아저씨들이 식사하는 것을 보고 있기가 민망해 짐짓 시선을 돌린다. 먹는 것이 이렇게 즐겁지 않은 세상이라니.

입장 바꿔 생각해 보니

아! 이제는 신체의 일부를 떼어서 다른 곳에 붙여 본다는 상상이 다소 부담스러워진다. 몸의 바깥 구조가 조금만 바뀌어도 안쪽 구조

가 홀라당 뒤집어지고, 이에 따라 문제들이 마구 발생하기 때문이다. 대부분의 동물들이 코와 눈, 귀 옆에, 그리고 얼굴 위에 입을 가지고 있는 데에는 다 이유가 있었구나. 오랜 진화의 과정을 거쳐 지금과 같은 배치를 얻은 것이겠지.

말을 할 때 차라리 조금 더 조심해야지, 입이 방정맞다고 해서 배에다 붙인다면 너무나 우울한 세상이 펼쳐질 거란 걸 새삼 깨닫는다. 우리 몸에서 가장 욕심이 많은 기관. 무엇이든 닥치는 대로 먹고 많은 것을 뿜어내는 기관, 입. 너는 얼굴 한가운데에 위치할 자격이 충분하다.

상대방의 표정을 보면서 조심스럽게 말하라고 눈 밑에 입을 두었고, 냄새와 함께 음식을 즐기라고 코 밑에 입을 두었으며, 자신이 하는 말을 제대로 들으라고 귀 밑에 입을 둔 모양이다. 그리고 맘껏 웃고, 함께 노래하며, 자신을 드러낼 표정을 지으라고 이 모든 것들을 얼굴에 한데 모아 둔 모양이다.

미국의 작가이자 아동 교육가인 도로시 피셔는 이렇게 말하지 않았던가. 표정은 연륜이 우리 얼굴에 남기는 서명이라고. 앞으로는 항상 입이 귀에 걸리도록 밝은 표정으로 사시라. 어느 날 갑자기 입이 배꼽 옆으로 이사 가기 전에……

>> 애매한 표정의 사람들 <<

미국 스미스-케틀웰 연구소의 눈 연구팀이 발표한 연구 보고서에 따르면, 표정을 만드는 데 입이 가장 중요한 역할을 한다고 한다. 그들은 모나리자를 텔레비전 이미지로 만들어 눈과 입의 모양을 조작하고 사람들의 반응을 조사했다.

그 결과, 눈보다도 입이 표정을 읽는 과정에서 보다 더 핵심적인 실마리를 제공한다는 사실을 알게 됐다. 아래 그림들에서 볼 수 있듯이, 다른 곳은 모두 동일한데 입 모양만 바꿨을 때 우리가 인식하는 표정은 확연히 달라진다. 이모티콘의 대부분이 입 모양에 변화를 주어 만들어진 것도 바로 이 때문이다.

우리는 부자야. 지금 우리는 아주 행복한 데다 상상력까지 가지고 있잖아.

—루시 모드 몽고메리, 《빨간 머리 앤》 중에서

독일의 아니카 이름러는 여느 또래 아이들과
별반 다를 것 없는 평범한 10대 소녀다. 그러나 그녀가 '메롱' 하며
혀를 내밀면 사람들은 모두 화들짝 놀란다. 그녀의
혀 길이는 무려 7cm. 입에서 턱 아래까지 내려오는
그녀의 혀는 바람에 펄럭이기까지 한다.

　이름러는 이 긴 혀 덕분에 컵에 담긴 아이스크림
을 먹을 때 바닥에 남아 있는 마지막 한 스푼까지
쉽게 먹어치울 수 있다. 이름러의 친구는 손가락에 힘을 들여 스푼을
사용해야 하지만, 그녀는 그저 혀만 조금 더 앞으로 내밀면 그만이다.

　언젠간 긴 혀로 많은 돈을 벌 수 있을 거라 믿는 그녀는 자신의 남
다른 혀가 자랑스럽기만 하다. 이제는 알아보는 사람이 많아진 탓에,
있는 힘껏 혀를 내밀어야 하는 순간도 많아졌다. 학교에 입학하던 날
은 그녀를 보고 신기해 하는 사람들을 위해 오랜 시간 혀를 쑥 내밀
고 있어야만 했다고 고백한다. 이름러의 이름은 한때 기네스북에 오
르기도 했다.

　그러면 지금, 세상에서 가장 긴 혀를 가진 사람은 누구일까? 2002년
부터 기네스북에 올라 있는 영국의 '스티븐 테일러'가 그 주인공이
다. 테일러의 혀 길이는 혀를 쑥 내밀었을 때 혀끝에서 입술 끝까지
무려 9.4cm. 보통 사람들의 혀보다 2배나 더 길다. (아마도 테일러의 학
창 시절 별명은 개미핥기였을 것이다.) 혀를 코끝에 닿게 하는 정도가 아니

라 콧구멍에 넣는 것도 식은 죽 먹기. 이름러나 테일러처럼 남부럽지 않은 긴 혀를 가진다면 얼마나 재미있을까?

이상한 나라의 금순이

금순이는 혀가 긴 사람들의 세상에 살고 있다. 이곳 사람들의 혀는 어른이 될 때까지 자라는 키처럼 20대 초반까지 계속 커진다. 올해 열일곱 살인 금순이의 혀 길이는 25cm. 혀로 웬만한 일들은 다 할 수 있다.

아침 7시 반, 등교 준비로 분주한 시각. 금순이는 언제나처럼 혀로 쓱쓱 세수를 마치고 거울 앞에 앉았다. 거울 속 금순이의 얼굴은 긴 혀를 담고 있는 입 안의 공간을 넓히느라 턱이 아래로 늘어지는 바람에 많이 길어져 있다. 턱뿐만 아니라 주둥이도 튀어나와 코끝보다 입술이 앞으로 더 나와 있다.

자칫하면 지각이다. 시간이 빠듯하지만 밥은 굶고 나갈 수 있어도 양치질을 거를 수는 없는 법. 이는 물론 그 긴 혀까지 구석구석……. 이렇게 하다 보면 양치질 시간은 보통 10분이 넘는다.

혀가 길어지면 그만큼 관리도 잘 해야 한다. 입 냄새가 나는 주 원인은 사실 '이'가 아닌 '혀'다. 혓바닥에 살고 있는 박테리아가 만들어 낸 황화합물이 바로 고약한 입 냄새의 주범인 것이다. 혀 표면과 목에 서식하는 이 박테리아는 음식과 점액질, 가래, 병든 구강 세포 등에 함유된 단백질을 고약한 악취가 나는 황화합물로 분해한다. 이 기분 나쁜 황화합물은 휘발성 또한 강해서 입 안을 떠나 옆사람에게 쉽게 전달된다.

게다가 혀가 길면 입 안에만 감춰 두기가 힘이 들어 자주 밖으로 내밀게 될 텐데, 얼룩덜룩 지저분하다면 그것만큼 민망한 일이 또 있으랴! 보기에도 더러운 데다 냄새까지 역하다면, 아마 주변 1m 안에 다른 사람들이 접근하려 하지 않을지도 모른다.

10분이 넘도록 혀 손질을 마치고 집을 나와 지하철에 오른 시각은

8시. 출근 시간이라 지하철에는 사람들이 무지무지 많다. 금순이는 붐비는 사람들 속에서 자신의 엉덩이를 더듬는 음험한 손길이 느껴진다. 화가 난 나머지 뒤에 서 있던 치한의 뺨을 혀로 사정없이 내려친다. '찰싹!' 소리와 함께 뺨에 빨갛게 혀 자국이 새겨진 남자는 다음 역에서 서둘러 내려 버린다. 금순이의 혀 도리질이 여간 매서운 게 아닌 모양이다.

아슬아슬하게 학교에 도착한 시각은 8시 반. 간신히 지각을 면했다. 교실에서 친구들을 만난 금순이는 손짓 대신 긴 혀를 살랑이며 인사를 한다. '낼름~ 낼름~'. 혀가 손 대신이다. 금순이와 친구들은 만날 때나 헤어질 때나 '메롱'으로 인사를 대신한다. 손인사가 아닌 '메롱 인사'를 하는 친구들의 모습은 언제 봐도 정겹다.

오전 수업이 끝나고 기다리고 기다리던 점심 시간이다. 금순이는 기다린 혀로 음식 하나하나가 가진 맛을 조금도 빼놓지 않고 천천히 음미하면서 식사를 한다. 혀의 위쪽 표면인 혀등에는 혀유두라는, 맛을 느끼는 맛 봉오리가 있다.

맛 봉오리에 있는 미각 세포는 물에 녹은 물질(용해 상태의 음식물)의 자극을 뇌에 전달함으로써 단맛, 신맛, 짠맛, 쓴맛, 감칠맛 등을 느끼게 한다. (우마미(Umami)라고 불리는 감칠맛은 일본어로 '맛있다'라는 단어에서 나온 것인데, 오렌지나 버섯, 고기, 토마토 등에 든 MSG(Monosodium Glutamate, 글루타민산 모노나트륨)라는 성분의 맛이기도 하다. 그래서 인공 조미료를 MSG라고 부른다.)

혀가 길어진 만큼 미각 세포가 훨씬 더 많아지고, 그에 따라 사람들의 미각도 크게 발달했다. 맛에 민감해지다 보니 맛있는 음식에 대한 사람들의 열망도 커질 수밖에. 긴 혀를 가진 사람들의 세상엔 이렇듯 맛있는 음식이 주는 '행복한 맛'이 더해진다. (물론 혀가 길다고 해서 같은 음식이 남보다 더 맛있게 느껴지는 것은 아니다.)

앗! 그런데 이를 어쩌나. 반찬을 오물거리며 수다를 떨던 금순이. 그만 혀를 깨물어 버렸다. 키가 자라고 혀가 길어질수록 혀를 깨무는 일이 부쩍 잦아졌다. 입 안의 공간은 혀를 넣기에 충분하지 못할 뿐만 아니라, 말을 하거나 음식을 먹을 때는 혀가 움직이는 범위가 넓어져 제때 피하지 못한 혀가 단단한 이로 다져지기 일쑤다.

특히나 둘째가라면 서러울 수다쟁이 금순이는 자주 혀를 깨무는 탓에 혀 표면이 하얗게 설거나 혓바늘이 나는 일이 많아졌다. 한번 생긴 혓바늘은 보통 1~2주가량 가는데, 그동안 맛있는 음식들을 제대로 먹지 못할 게 아닌가. 특히 짜고 매운 음식은 자극이 강해서 상처 난 곳을 더욱 아프게 할 테니, 친구들과 방과 후에 즐기는 떡볶이는 냄새만 맡고 돌아서야 하는 신세이다.

혀를 길게 하는 수술?

점심 시간이 끝나고 오후 첫 수업은 영어 회화 시간이다. 너도나도 남부럽지 않게 긴 혀. 우리네가 사는 이 세상에서는 몇몇 사람들이 혀를 내두르며 부러워할지도 모르겠다. '금순이와 친구들처럼 태어날 때부터 혀가 길면 얼마나 좋을까!' 하고.

혀가 길어지면 자연히 그만큼 유연해져서 영어 발음이 좋아진다고 생각하기 때문이다. 그래서 몇몇 학부모들은 많은 돈을 들여 아이들에게 혀를 늘리는 수술을 해 주기도 한다. 이 수술은 혀끝을 입 바닥에 고정시키는 혀 밑 인대인 설소대를 1~1.5cm 정도 잘라내는 수술이다. 그야말로 정말 '피나는' 노력이지만, 이것은 수술을 해서라도 영어 발음을 잘하게 하려는 도를 넘어선 학습열에서 비롯됐다. 그렇다면 긴 혀를 가진 금순이네 반 아이들의 영어 발음이 모두 본토 발음 같을까? 땡! 전혀 그렇지 않다.

혀는 모양을 바꾸거나 상하좌우로 움직이는 데 가장 자유롭고, 가장 능동적인 발음 기관이다. 인간의 언어에서 쓰이는 소리의 90%가 혀의 움직임에 달려 있다. 그런데 이처럼 자유자재로 움직일 수 있는 혀를 가졌음에도 영어 발음이 힘든 이유는 따로 있다. 인간이 발음할 수 있는 소리는 들을 수 있는 소리에 한정되기 때문이다.

즉 모국어와 다르게 우리 귀에 익숙하지 않은 외국어는 잘 구별해 들을 수 없으므로 정확하게 발음할 수 없는 것이다. 결국 우리가 영어 발음을 제대로 하지 못하는 것은 혀가 짧아서가 아니라 귀가 우리말 발음에 익숙해져 있기 때문이다. 그렇기에 혀가 긴 사람들의 세상에서도 영어는 험난한 학문일 수밖에 없다.

그러니 괜히 혀가 짧아 영어를 못한다는 핑계는 더 이상 대지 말자. 쓸데없이 멀쩡한 설소대를 자르는 일도 이제 그만! 혀끝 수술은 오히려 혀끝에 탄력이 떨어져 발음이 이상해질 수 있다고 한다. 그러

니 공연히 멀쩡한 혀를 탓하지 말고 듣기 훈련을 열심히 해서 귀를 단련하는 것이 회화 실력을 늘리는 지름길이다.

긴 혀, 편리한 세상

쉬는 시간, 금순이는 친구들과 매점을 향해 전력 질주한다. 아이스크림 한 통과 생크림이 잔뜩 발린 케이크 한 조각을 샀다. 즐겁게 간식을 즐기는 아이들. 그러나 그들에겐 아이스크림을 떠먹을 숟가락도, 케이크를 잘라먹을 포크도 필요 없다. 모든 것은 길고 잘생긴 혀가 대신한다. 혀는 숟가락이면서 포크이고, 신체의 일부이면서 훌륭한 생활 도구이다.

방과 후 금순이는 병원에 들렀다. 어제부터 혀에 갈색의 이끼 같은 것이 달라붙어 있는 게 보였기 때문이다. 혀의 빛깔은 건강 상태와 앓고 있는 질환에 따라 달라진다. 그렇기에 사람들은 입 밖으로 비어져 나온 긴 혀를 보고 '수시로' '쉽게' 건강 체크를 할 수 있다.

금순이 혀에 낀 갈색 이끼는 위장에 이상이 있다는 신호이다. 이렇게 혀를 통한 자가 진단으로 병세가 악화되는 것을 막을 수 있다. 물론 혀의 관찰을 통한 건강 체크가 긴 혀를 가진 사람들만의 특권은 아니다. 세 치 혀를 가진 우리도 입 속에 숨겨진 혀를 쑥 내밀고 관심 있게 살펴본다면 얼마든지 진단이 가능하니까.

그 밖에도 혀를 통해 알 수 있는 질환은 매우 많다. 약간 거칠거칠한 감촉이 느껴지면 정상이지만, 혀가 새빨갛거나 반짝거린다면 몸에 이상이 있다는 징조이다. 악성 빈혈이나 비타민 B2의 결핍, 만성 감염, 위장 장애가 그 원인일 수 있다. 또, 쑥 내민 혀가 곧바로 뻗지 않고 한쪽으로 약간 구부러져 있다면 뇌에 장애가 생긴 것일 수도 있으니 서둘러 병원에 가 보는 것이 현명하다.

하루 일과를 마치고 집으로 돌아온 금순이. 다시 한 번 혀 청소를 열심히 하고 그날의 일을 정리한다. 일상의 피곤함만큼이나 열 치 혀의 무게도 무겁게 느껴지는 밤이다.

긴 혀가 방해되지는 않을까?

발음을 관장하고, 맛을 느끼며, 우리 몸의 건강 상태를 보여 주는 거울이기도 한 혀는 사실 보이는 것만큼 그렇게 짧지 않다. 목구멍 깊숙한 곳에 자리 잡고 있는 혀의 뿌리까지 생각해 보면 그 길이는 자그마치 10cm에 이른다.

깊숙이 숨겨진 안쪽의 혀뿌리는 입 안에 들어온 물질이 기도로 갈 것인지, 식도로 갈 것인지를 판별하여 목구멍을 막거나 여는 수문장 역할을 한다. 혀가 무작정 길기만 하면 음식을 씹을 때 혀를 깨물기

일쑤일 테고, 씹은 음식을 감싸서 목구멍으로 넘기려다가 주책없이 긴 혀가 목구멍을 막는 사고가 생길 수도 있다. 그러니 '긴 혀'에 대한 동경은 괜한 욕심일 뿐이다.

혀가 길면 생활하는 데 편하기만 할까? 긴 혀를 입 안에 돌돌 말아 넣고 다닐 수도 있겠지만, 그것마저도 그리 만만한 일은 아니다. 말려 있는 긴 혀로는 '말'을 하는 데 상당한 어려움이 따르기 때문이다.

혀는 다양한 모양으로 입천장과 목구멍을 누비며 발음의 기본이 되는 다양한 종류의 모음과 자음을 만들어 낸다. 이를 위해서는 혀끝의 자유로운 움직임이 필수이다. 하지만 카멜레온처럼 돌돌 말려 있거나

힘겹게 똬리를 틀고 있는 긴 혀에게 입 안에서의 섬세한 움직임을 기대할 수는 없는 노릇이다.

또한 혀의 점막에는 설선이라고 하는 작은 침샘이 있어서 끊임없이 침을 분비함으로써 입 안과 혀가 마르지 않도록 보호한다. 그렇기 때문에 건강한 사람의 입 안은 음식을 먹지 않아도 항상 침으로 고여 있다.

특히 침 속에 들어 있는 뮤신이라는 성분은 침을 끈적끈적하게 만들어 입 안을 더욱 부드럽게 만든다. 그런데 긴 혀와 넓은 입 안을 늘 부드럽게 유지시키기 위해선 더 많은 양의 침이 끊임없이 분비되어야 한다. 그렇게 되면 인간은 어른이나 아이나 벌어진 입 사이로 끈적끈적하게 질질 흘러내리는 침을 제어하지 못하는 애처로운 신세가 되고 말 것이다.

내 몸에 꼭 맞는 혀

우리의 혀는 그것이 살기에 꼭 알맞은 크기의 입 안에서 지금 충분히 자유롭다. 만약에 혀가 지금의 길이에서 세 배쯤 길어진다면 긴 혀를 담기 위해 입 모양이 많이 망가져야 할 것이다. 악어 주둥이처럼 입이 앞으로 쑥 튀어나와 있는 우리의 얼굴을 상상해 보라. 영 반갑지가 않다. 이목구비의 절묘한 조화가 산산이 깨져 버리는 가슴 아

픈 상상이다.

문득, 천진한 미소와 함께 수줍게 내밀어진 작고 빨간 혀가 살갑게 느껴진다. 인간의 입과 혀만이 지어 낼 수 있는 귀여운 언어로 예쁘게 미소를 지어 보자. 내 몸에 꼭 맞는 크기의 똑똑한 혀를 입술로 살짝 눌러 주며 '메롱~!'

>> 왕개미핥기와 딱따구리 <<

몸길이가 1~2m인 왕개미핥기가 뻗칠 수 있는 혀의 길이는 61cm나 된다고 한다. 열대의 밀림이나 습지, 초원에 사는 이 동물은 가늘고 긴 혀로 하루에 약 3만 마리의 개미를 핥아서 잡아먹는다.

청각과 시각이 발달하지 못한 반면, 후각이 매우 뛰어나고 침샘이 발달해 있어서 끈적끈적한 침을 분비한다.

혀를 사용하여 나무 속 깊은 곳에 있는 곤충을 잡아먹는 딱따구리의 혀 또한 매우 길다. 딱따구리의 긴 혀에는 곤충들이 혀에 쉽게 달라붙게 하기 위한 끈끈이 액 분비선도 있다. 이처럼 개미핥기나 딱따구리 같은 동물들은 긴 혀 덕에 보다 편하고 유리한 삶을 살고 있다.

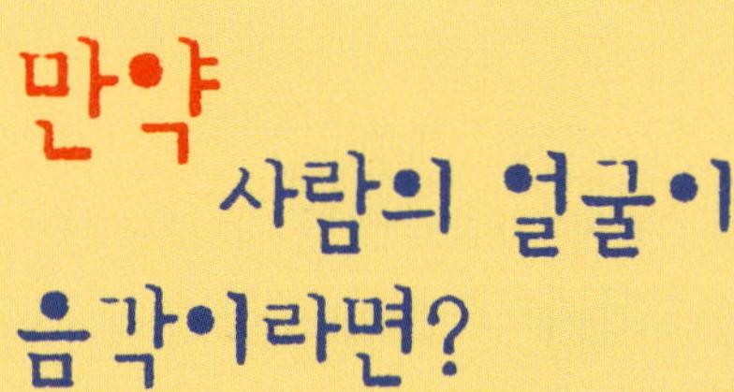

사람의 얼굴은 하나의 풍경이다.
한 권의 책이다.
용모는 결코 거짓말을 하지 않는다.

— 장 루이 발자크, 프랑스 작가 · 사상가

장동건, 조인성, 김태희, 전지현. 잘생긴 얼굴과 멋진 몸매로 대중들의 눈과 마음을 사로잡는 스타들. 그들 얼굴의 공통점은 무엇일까? 사람들은 어떻게 생긴 사람을 잘생겼다고 생각할까?

미국의 심리학자 아서 아론 박사가 미국인 1000명에게 설문 조사한 자료에 따르면, 남녀 모두 깊은 눈매와 오똑한 코, 발갛게 튀어나온 광대뼈, 그리고 도톰한 입술을 미남 미녀의 첫 번째 조건으로 꼽았다. 한마디로 말해, 들어갈 곳이 들어가 있고 나올 곳이 제대로 나와야 잘생긴 얼굴이란 얘기다.

사람은 언제부터 무슨 이유로 이목구비의 음양에 그토록 민감해졌을까? 단 1cm만 코가 낮아도 못생겨 보이고, 입술이 0.1cm만 도톰해져도 섹시해 보이는 이유는 대체 무엇일까? 사람들은 왜 그 1cm의 코를 높이기 위해 수술을 하고, 0.1cm의 입술을 도톰하게 만들기 위해 주사를 맞는 걸까?

만약 사람들의 코가 안쪽으로 푹 들어간 세상이 온다면 어떤 모습이 될까? 입술도 안쪽으로 깊숙이 들어가고 광대뼈도 쏙 들어간 세상이 온다면……. 그런 세상에선 개그우먼 신봉선이 가장 아름다운 연예인으로 인기를 끌까?

얼굴이 음각인 세상

얼굴이 음각인 세상에선 모든 사람들이 동굴의 입구처럼 어두운 그림자가 드리워진 눈을 갖게 된다. 깊게 파인 눈을 가진 사람들끼리는 새우 눈, 개구리 눈, 단춧구멍 눈이라며 서로 놀리는 일은 더 이상 벌어지지 않겠지. 세상 사람들의 눈이 다 푹 들어갔다면야, 그래서 제대로 잘 안 보인다면야 눈이 좀 작거나 특이하게 생겼다고 해서 이상한 별명에 시달리며 속 썩을 일 따위는 없을 것이다.

시술이 간단하기도 하고 또 너무 많은 사람들이 하기도 해서 성형 수술 축에도 못 끼던 '쌍꺼풀 수술'도 이젠 안녕이다. 눈꺼풀 자체가 없는데 어떻게 쌍꺼풀 수술을 한단 말인가!

앙증맞게 쏙 파인 귀여운 코도 사람들을 성형 수술의 늪에서 *끄집어내는* 데 한몫 할 것이다. 사람들은 튀어나온 것에 대해서는 민감하지만, 안으로 들어간 것에 대해서는 그 깊이에 민감하지 않으니까.

얼굴 위로 솟아올라 맵시를 한껏 드러내던 코가 얼굴 깊숙이 들어가 버리면서 더 이상 코는 미의 기준이 되지 못한다. 연골 뼈가 사라져 구멍만 남아 있는 해골의 코에서 개성을 발견할 수 없는 것처럼, 쐐기 모양의 움푹 파인 코를 가진 사람들에게 코는 이제 안중에 없다.

해방이다! 음각 얼굴이 자리 잡은 세상에선 얇디얇은 눈꺼풀에 서슬 퍼런 주사바늘을 꽂을 일도, 야들야들한 콧등에 실리콘을 집어넣을 일도 없다. 이목구비가 구멍 속으로 숨어든 사람들의 얼굴은 누가 누구인지 알아보기 힘들 정도로 비슷해졌지만, 적어도 외모 때문에 놀림받고 입사 시험에서 문전박대당하는 일은 일어나지 않게 되었다. 아, 공평한 세상, 만세!

신인류 탄생 1일째

─ 조소안(曺小眼), 14세, 중학생

"아침에 일어났을 때, 전 아직도 꿈을 꾸고 있는 줄 알았죠. 어떻게 이런 일이 하룻밤 사이에 일어날 수 있으리라고 생각이나 했겠어요? 거울을 보고, 이런 얼굴로 어떻게 살아가나, 막막해 엉엉 울었지요. 그런데 언니 얼굴을 보니 저만 그런 게 아니더라고요. 뭐, 다들 그렇다면 상관없지 않겠어요? 불편한 점이요? 아직은 잘 모르겠어요. 좀 더 살아 보면 있을 수도 있겠지만 생각보다 큰 불편은 없을 것 같은데요."

얼굴은 외부의 다양한 자극을 받아들이고, 산소와 음식물을 몸 안으로 들여보내는 통로이자 의사 소통의 창이다. 아름다움의 차원을 떠나 생명 활동의 출발점이며, 세상과 나를 연결시켜 주는 고리인 것이다. 그러나 웬걸, 이제 본격적인 불편함이 시작됐다.

'세상을 향해 활짝 열려 있던 창'인 눈이 동굴 속으로 들어가 깊은 그림자를 드리운다면 그들이 바라보는 세상은 우리가 보는 세상과 같은 모습일까? 우리는 안구가 바깥 쪽으로 튀어나와 있어 앞쪽은 물론이고 옆쪽까지 어느 정도 볼 수 있다.

하지만 눈이 움푹 들어가면 아무리 이리저리 굴려도 바로 앞에 있는 것만 보이게 된다. 손을 망원경 모양으로 말아 눈에 대 보면 정말 앞만 보인다는 것을 확인할 수 있다.

당연히 볼 수 있다고 믿었던 것들을 볼 수 없게 되면 여러 가지 부작용들이 속출하게 마련이다. 일단은 시험을 앞두고도 공부를 안 한 채 곁눈질로 옆사람의 답안지를 노리던 학생들! 이젠 다 소용없는 짓이란 걸 깨달으리라.

아무리 눈알을 굴려 봐도 옆사람의 답안지는 눈에 들어오지 않으며, 책상 끝자락만 겨우 보일락 말락 하는 상황에서 커닝 페이퍼를 사정거리 안에 두는 것 역시 쉽지가 않다. 더욱이 선생님조차 어디에 계시는지 파악이 안 된다면 그야말로 절망적일 수밖에.

커닝이 불가능해졌으니 학생들에게는 오히려 잘된 일인데, 굳이 부작용이라고까지 할 필요가 있겠냐고?

그렇다면 운동 선수들은 어떨까? 움푹 꺼진 눈을 가진 축구 선수들을 상상해 보자. 축구 선수들은 이제 경기를 할 때 상대편 선수의 움직임은 물론 공의 위치를 파악하기도 힘들다.

좁아진 시야에서는 그야말로 패스할 동료를 찾을 수도, 패스를 받기도 쉽지 않은 상황이다. 팀 플레이가 줄어들고 주로 홀로 앞으로 나아갈 수밖에 없는 '전진 축구'의 전성 시대가 도래할지도 모른다.

그 밖에도 우리 생활 환경 전반에 걸쳐 많은 변화가 생긴다. 신문의 크기가 반으로 줄어들 뿐만 아니라 극장의 대형 화면도 이제 더 이상 사람들에게 매력적으로 다가오지 않는다. 사람

들은 너도나도 뒷자리에 앉으려고 아우성이다.

자칫 예매를 하지 못해 조금이라도 앞자리에 앉는 날이면 자막 한 번 보고 화면 한 번 보고, 너도나도 뻐근한 목을 주체하지 못해 극심한 피로에 시달릴 수밖에 없다.

물론 이 정도는 애교로 봐줄 수 있다고 치자. 운전을 할 때는 어떤가? 간단한 눈의 움직임으로도 백미러나 사이드미러를 볼 수 있는 시대는 이제 끝. 지금은 고개를 지나치게 돌려야 볼 수 있기 때문에 사고가 속수무책으로 발생하게 된다.

신인류 탄생 7일째

―김무이(金無耳), 52세, 보청기 제조업자

다시 한 번 생각해 보자. 신인류의 음각 얼굴은 과연 신의 선물일까? 귀와 코, 그리고 입은 과연 무사할 수 있을까? 음각 얼굴이 되면 소리를 잘 듣지 못하게 된다. 사람의 귀가 깔때기 모양으로 생겨 주름이 잡혀 있었던 것도 괜히 그런 것이 아니다.

쫑긋 곧추세운 귀와 계곡 같은 귓바퀴는 사방에서 나는 소리를 잡아내 귓구멍 속으로 전달해 주는 역할을 한다. 말하자면 소리를 잡는 일종의 안테나인 셈이다. 그러니 귓바퀴가 사라진 귀는 접시 떨어진 안테나나 마찬가지이다. 손바닥으로 귀를 눌러 얼굴에 붙여 보면 소

리가 작게 들릴 뿐 아니라 음색도 확연히 달라짐을 느낄 수 있다.

이번엔 손가락으로 귓바퀴를 살살 문질러 보자. 평소에는 들리지도 않던 버석거리는 소리가 천둥 소리처럼 크게 들릴 것이다. 귀의 진동이 고막으로 전해져 조그만 소리가 큰 소리처럼 증폭되어 들리기 때문이다. 또한 귓바퀴는 소리를 내는 물체의 위치를 파악하는 데 중요한 역할을 한다. 우리는 지금껏 친구가 위에서 부르는지, 옆에서 부르는지, 아래에서 부르는지를 귓바퀴에 부딪혀 들어오는 소리로 정확히 알 수 있었다.

물론 소리의 위치를 파악하는 데는 귀가 양쪽에 달렸다는 사실도

중요한 역할을 한다. 우리는 왼쪽과 오른쪽 귀로 각각 전달되는 음파의 시간 차이로 그 위치를 파악한다. 당연히 오른쪽에서 친구가 부른다면 그 소리는 머리 하나 차이만큼 오른쪽 귀의 고막을 먼저 두드릴 것이니 말이다.

하지만 그것만으로는 아직 부족하다. 귓바퀴의 깊은 주름들 사이에서 반사된 소리는 더 자세한 방향을 계산해 낼 수 있다. 그러니 귓바퀴가 없어진 지금, 5.1채널 서라운드 돌비 최신 입체 음향 시스템에서 울려 나오는 멋진 소리도 모노 스피커의 밋밋한 소리처럼 들릴 뿐만 아니라, 거리에는 주위를 두리번거리며 우왕좌왕하는 사람들로 가득 차게 되지 않을까? 역시 쭈글쭈글 볼품은 없지만 제대로 소리를 잡아서 들려주는 귓바퀴가 우리에겐 꼭 필요하다.

보청기를 팔고 있는 52세 사업가 김무이 씨. 그는 요즘 콧노래가 절로 난다.

"우린 이제 돈방석에 앉게 생겼어. 보청기 주문이 폭주한다니깐. 젊으나 늙으나 이젠 보청기가 필수품이지. 아마 당신도 며칠 전에 샀을걸? 신인류들은 소리를 잘 듣지 못하니깐. 아내가 '귀걸이도 못하잖아.' 하고 투덜거릴 때는 그냥 '이젠 귀걸이는 안 사 줘도 되겠군.' 하고 좋아했지, 귓바퀴가 소리를 듣는 데 그렇게 중요한 역할을 하는 것인지 누가 알았겠어? 다른 사람들은 어떤지 몰라도 난 신에게 감사드리고 있는 중이라고."

멍청해진 코와 입

기능이 떨어진 것은 귀만이 아니다. 삼각형으로 반듯하게 파인 코도 귀엽고 앙증맞아 보일지 모르지만 그 기능이 현저하게 떨어질 수밖에 없다. 음각 얼굴이 되기 전, 입 위로 처마처럼 드리워진 우리의 콧구멍은 입 주변의 음식물 냄새를 맡기에 그야말로 알맞은 안성맞춤이었다.

입으로 가져온 음식물에서 풍기는 향기가 바로 위에 위치한 콧구멍으로 직접 빨려 들어갈 수 있기 때문이다. 하지만 움푹 파인 코로는 냄새를 맡는 일이 이젠 그리 쉽지 않다. 더군다나 콧구멍이 하늘을 향해 뻥 뚫려 있다면 더욱더 그렇다.

코가 입의 바로 위쪽에 가스레인지 후드처럼 드리워진 것은 우연이 아니다. 입과 코의 협동 작업은 꽤나 중요한데, 음식의 맛을 느끼는 데 후각의 역할을 무시할 수 없기 때문이다. 혹시나 맛과 향의 관계를 몸소 체험해 보고 싶다면 코를 막고 바나나 우유를 마셔 보자.

바나나 우유 특유의 맛은 사라지고 달짝지근한 설탕 우유처럼 느껴질 것이다. 사실 바나나 우유는 향을 첨가해 바나나 맛을 낸 것이라

서 후각의 도움 없이는 그 맛을 느낄 수 없다. 사실 '바나나 우유'는 바나나 '맛' 우유가 아니라 바나나 '향' 우유이기 때문이다.

더불어 코는 얼굴의 가운데에 위치해 있으면서 우리가 사물을 보는 기준이 된다. 코를 기준으로 물체의 좌우 위치를 판단하게 된다는 말이다. 그러니 음식의 풍미도 알아채지 못하고 좌우 방향 구분에도 도움이 되지 못하는 음각 코를 코라 할 수 있을까?

입이 음각으로 얼굴 안쪽에 자리 잡고 있다면 밥 먹기도 힘들어진다. 입술이 얼굴 속에 파묻혀 있으니 기름기 자르르 흐르는 프라이드 치킨의 다리를 한입 베어물 수도 없다. 치킨을 먹을 때는 손과 도구

를 이용해서 닭살을 한입에 쏙 들어갈 만한 크기로 잘라 입 안에 넣어 줘야 한다.

두툼한 햄버거를 욕심껏 베어 물기도 다 틀렸다. 아무리 입을 크게 벌리고 싶어도 얼굴 윤곽에 막혀 벌어지지 않으니까……. 찻잔에 담긴 커피, 알루미늄 캔에 담긴 콜라 할 것 없이 음료수란 음료수는 모두 빨대로 빨아 마셔야 한다.

원래 톡 튀어나온 부드럽고 탄력적인 입술은 컵과 입을 이어 주는 천혜의 도킹 시스템이었던 것이다. 얼굴 윤곽이 입술과 컵의 결합을 가로막는 한, 아담한 찻잔과 함께하는 우아한 티타임은 기대할 수 없는 환상일 뿐이다.

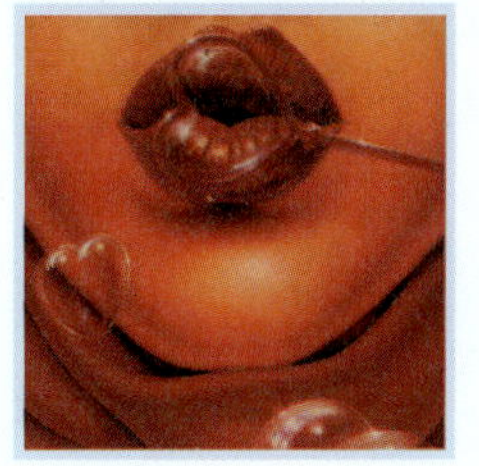

이런 불편 말고도 음각 입은 양각 입이 누렸던 짜릿한 달콤함을 알지 못한다. 움푹 들어간 입술로는 사랑하는 연인과 키스하는 일이 어려워지기 때문이다. 얼굴을 아무리 가까이 마주 대어도 쏙 들어간 입술끼리 서로 닿기란 하늘에 별 따기처럼 어렵지 않을까? 아, 키스를 잃어버리다니, 이게 제일 슬퍼! (아, 이럴 땐 차라리 입이 배꼽 옆으로 이사를 갔으면!)

빛깔 없는 얼굴

사실 우리는 특별히 애쓰지 않아도 누구나 평생 만나는 친구들이나 지인들의 얼굴을 기억하고 식별할 수 있다. 아마 그 수를 다 합치면 수천 명은 족히 될 것이다. TV에서 보는 연예인들의 얼굴까지 포함하면 훨씬 더 많아지겠지. 시험 때는 도무지 무엇 하나 잘 외워지지 않던 머리도 연예인 얼굴을 기억하는 데는 별 어려움이 없다.

과학자들이 밝혀 낸 바에 따르면, 사람은 모두 '얼굴 전문가'라고 한다. 우리가 얼굴을 볼 때 사용하는 뇌의 영역과 조류학자가 새를 볼 때 사용하는 뇌의 영역이 일치한다는 것이다. 이는 결국 우리가 특정 주제를 꾸준히 관찰하고 공부할수록 그 주제를 다루는 법이 얼굴을 인식하는 메커니즘을 닮아 간다는 뜻이다.

하지만 음각 얼굴을 바라보는 뇌는 어떤 반응을 보일까? 얼굴의 인상을 결정하는 것은 다양하고 개성 있는 눈, 코, 입, 귀라 할 수 있는데, 만약 이목구비에 아무런 특징이 없는 음각 얼굴이라면? 상대적으로 모두가 비슷하게 보여, 누가 누군지 잘 구분할 수 없게 된다. 사람의 표정을 읽기도 쉽지가 않겠지.

어찌 되었건 음각 얼굴 사람들이 사는 세상엔 자상한 아버지의 푸근한 눈웃음도, 쑥 내민 입술의 뾰로통한 새침함도 더 이상 찾아볼 수 없다. 아무리 재미있는 TV 드라마도 더 이상 감동적이지 않다. 하나같이 표정 없는 얼굴로 대사만 읊어 대니 재미가 있을 리 없다. 표정은 그야말로 무언의 언어인데 그것을 잃었으니 재미가 있을 턱이 없는 것이다.

수천 가지 미세한 표정 변화로 감정을 표현해 내던 눈, 코, 입이 음각으로 파이면서 결국 이 믿음직스러운 무언의 의사 소통의 창 또한 닫혀 버리고 만 셈이다.

신인류 탄생 1년 후

—이무안(李無顔), 20세, 대학생

"작년 이맘때쯤……, 그러니깐 막 신인류가 되고 나서 고등학교를 졸업했죠. 그러고 나서 엊그제 1년 만에 동창회를 했는데, 이게 웬일입니까? 친구들의 얼굴을 기억할 수가 없더라고요. 친구들과 한 명씩 인사를 나눌 때마다 무안해서 혼났습니다. 고등학교 내내 그렇게 개성 넘치던 애들이 어떻게 된 건지 하나같이 비슷한 얼굴들을 하고 있더란 말이죠.

고등학교를 졸업하고 처음 만나는 자리이니만큼 모두들 많이 변해서 알아보기 힘들 거라고 생각은 했지만, 이 정도까지 될 줄은……. 그저 웃고 친한 척하면서 그렇게 정신없이 보냈습니다. 이렇게까지 되고 보니 정말 아쉽더라고요. 매일 보는 얼굴들이야 어떻게 구분할 수 있다손 치더라도 이렇듯 가끔 보는 얼굴들은 정말 난감해요. 그래

서 내년부터는 이름표를 달고 나오기로 했어요. 내 참, 무슨 유치원도 아니고……. 정말 뭔가 잘못되고 있다는 생각 안 드세요?"

얼굴이 음각인 세상을 살펴보니, 우리의 눈, 코, 입이 세상을 향해 양각으로 돌진하게 된 이유를 어렴풋이 이해할 것 같다. 사실 그것은 선택의 문제가 아닌 생존의 문제였던 것이다. 양각으로 돋아 세상과 마주보고 있는 두 눈과 귀, 입, 코는 환경에 잘 적응할 수 있도록 설계된 훌륭한 구조물이다.

그러니 누가 감히 코가 너무 낮다고, 눈이 크지 않다고, 입술이 도톰하지 않다고 불평할 수 있겠는가. 단지 우리의 이목구비가 음각이 아니라는 사실에 감사하자. (물론 어떤 사람에겐 이것이 큰 위로가 되진 않겠지만.) 불룩 튀어나온 나만의 개성 있는 이목구비는 나를 바라보는 사람들의 뇌 속에 깊이 각인되는 나만의 이미지라는 사실을 잊지 말자는 얘기다.

>> 시야는 무엇으로 결정되나? <<

우리가 시선을 고정한 채 한 점을 응시할 때 볼 수 있는 영역을 '시야'라고 한다. 그중 한쪽 눈으로만 볼 수 있는 시야는 '단안 시야'라고 부른다. 단안 시야의 범위는 위쪽으로 약 60°, 안쪽으로 약 60°, 아래쪽으로 약 70°, 바깥쪽으로 약 100° 정도 된다. 이 때 좌우 단안 시야의 합을 '양안 시야'라고 한다.

시야를 결정하는 가장 중요한 요소는 얼굴에서 눈이 차지하는 '위치'다. 사람을 비롯해 여타 맹수들같이 먹잇감을 사냥해야 하는 동물들은 눈이 얼굴 앞쪽으로 모여 있어 시야가 좁을 수밖에 없다. 대신 두 눈의 시야가 겹쳐지는 부분이 커져, 3차원적으로 물체의 거리를 잘 판단할 수 있다. 덕분에 먹잇감을 놓치지 않고 추격할 수 있는 것이다.

반면 물고기나 말 같은 초식 동물들은 맹수들의 위협에서 자신을 지켜야 하기 때문에 더 많이 볼 수 있도록 눈이 양쪽 측면으로 퍼져 있다. 우리 얼굴에서 생각하면 관자놀이쯤 붙어 있다고 생각하면 된다.

한 예로, 송어는 각각 수평적으로는 330°, 수직적으로는 160°의 시야를 가지고 있다. 그렇기에 송어의 한쪽 눈만으로도 볼 수 있는 영역을 우리는 두 눈을 모두 사용해도 볼 수 없다.

이런 경우 눈이 얼굴 앞쪽에 모여 있을 때보다 3차원적으로 물체를 감지할 수 있는 영역은 좁아지지만 대신 시야는 더 넓어진다. 따라서 광범위한 영역을 관찰할 수 있어 자기를 노리는 맹수들을 빨리 알아채고 도망갈 수 있다.

》 얼굴을 구별하지 못하는 사람? 《

우리의 얼굴이 음각으로 바뀌지 않더라도 얼굴을 구분하지 못하는 사람들이 있다. 뇌의 특정 부분이 손상되면 사람 얼굴을 인식하지 못하는데, 이러한 증상을 '안면 실인증(prosopagnosia)'이라고 한다. 뇌에 사람의 얼굴을 인식하는 기능만 담당하고 있는 부위가 있다는 것도 이런 증상을 겪는 사람들을 통해 밝혀진 것이다. 안면 실인증에 걸리면 오랜만에 본 친구 얼굴을 기억해 내지 못하는 정도가 아니라, 매일 보는 가족의 얼굴, 더 나아가서는 자신의 얼굴까지도 인식하지 못한다.

다음은 안면 실인증에 관한 19세기의 일화이다.

병증이 심해져 병원에 입원한 환자가 있었다. 어느 날 복도를 걷다가 길을 막고 있는 한 남자에게 비켜 달라고 양해를 구했다. 그런데 알고 보니 그 남자는 거울에 비친 자신의 모습이었다.

안면 실인증은 기억 상실증과는 다르다. 안면 실인증 환자들은 상대방의 얼굴을 기억해 내지 못하는 것이 아니다. 그들은 다른 사람의 목소리, 걸음걸이, 옷가지 등은 잘 기억해 낸다. 다만 그들의 '얼굴'을 인식하지 못할 뿐이다. 여기서 '인식하지 못한다'는 것은 얼굴을 모르는 것과는 다르다. 그들은 자신이 바라보는 것이 얼굴이라는 사실은 안다. 눈이 두 개라는 것, 코가 있다는 것 등등. 하지만 그것을 전체적인 하나의 형상으로 인지하지 못한다는 것이다.

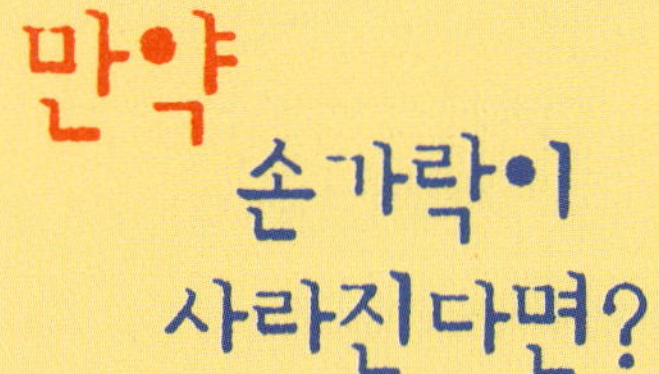

나는 라파엘로처럼 그림을 그리기 위해 4년이라는 시간을 소비했다.
그러나 아이처럼 그림을 그리기 위해 평생을 소비했다.

―파블로 피카소, 스페인 화가

2010년 여름, 10개의 손바닥 프린트가 찍힌 거대한 현수막이 드리워진 이곳은 예술의 전당 콘서트홀. 오늘 밤 인기 밴드 오스퀘어(O-Square)의 재즈 공연이 열린다. 잠시 후 시작될 공연을 앞두고 사람들은 저마다 손목에 튜브 하나씩을 차고, 빨대를 꽂아 음료수를 마시며 긴장감을 푼다.

관객들이 모두 입장하고 서부 영화에서나 봄직한 손잡이 없는 출입문 위로 커튼이 드리워지면 스포트라이트가 무대를 밝히면서 공연이 시작된다. 열광적인 함성과 함께 5명의 오스퀘어 멤버가 두 팔을 번쩍 들고 힘차게 손바닥을 흔들며 등장한다. 오스퀘어는 첫 곡부터 숨막힐 듯이 빠른 템포로 현란한 연주를 선보인다. 큰 울림이 있는 열정적인 공연. 그러나 그들의 연주에 멜로디는 없다.

이상한 음악회, 손가락이 없는 세상

바이올린의 목을 짚어 가며 연주할 '손가락'이 사라진 세상. 만약 그런 세상이 존재한다면 그곳에선 어떤 연주회가 벌어질까? 섬세하게 악기를 연주할 수 있는 손가락이 사라진다면, 오스퀘어 공연처럼 멜로디가 없는 리듬 연주를 즐겨야만 하는 세상이 오게 되진 않을까? 타악기는 지금보다 훨씬 더 다양한 사운드와 리듬을 만들어 내며 사물놀이가 그러하듯 흥겨운 무대를 연출할 수 있겠지만, 분산 화음을 만들어 낼 수 있는 피아노와 기타, 그리고 가슴을 파고드는 매혹적인 선율의 바이올린 소리는 더 이상 들을 수 없다. 정말 안타깝게도, 우리의 삶을 음악적 영감으로 풍요롭게 해 주었던 베토벤과 모차르트의 음악을 이곳에선 두 번 다시 들을 수 없게 된 것이다. (이런 세상에선 코딱지를 어떻게 팔지가 제일 걱정된다.)

손바닥만 가지고 있는 세상에선 사람들이 열광할 만한 스포츠가 그다지 많지 않다. 손가락이 없는 야구 선수들을 상상해 보라. 글러브를 낄 손가락이 없으니 포수는 벙어리장갑 같은 글러브로 투수의 공을 받아야 하고, 외야수는 평범한 플라이 볼을 잡기에도 힘겨운 상황이라 짜릿한 '나이스 플레이'는 기대하기 어려울 듯싶다.

타자는 방망이를 움켜잡는 대신 손에 끼우는 방식으로 공을 치고, 투수는 야구공을 감아 쥘 손가락이 없어 커브와 슬라이더는커녕 직구조차 던지기 버겁다. 화려했던 프로 야구의 현란한 플레이가 이곳 그들만의 리그에선 존재하지 않는다.

농구 코트에서도 상황은 크게 달라지지 않는다. 농구 팬들은 더 이상 마이클 조던과 같은 멋진 선수들의 덩크슛을 볼 수 없다. 파워풀한 덩크슛은 기본적으로 한 손으로 농구공을 잡을 수 있어야 가능하기 때문에, 그들의 신들린 듯한 덩크슛 대신 두 손으로 살포시 던지는 농구 황제의 소심한 플레이를 지켜봐야만 한다.

커다란 농구공을 섬세하게 제어할 손가락이 없으니 슛 성공률은 그리 높지 않을 터. 손가락이 사라진 세상에선 손으로 정교하게 컨트롤해야 할 멋진 플레이가 사라지면서 스포츠의 인기 또한 시들해질 것이다.

손과 손가락을 써야 하는 운동들이 재미가 없어지면서, 축구나 마라톤처럼 발로 하는 운동 종목들은 오히려 지금보다 더 큰 인기를 얻게 될지도 모른다. 손가락이 없는 세상에선 마리아 샤라포바의 절묘한 스매싱을 볼 순 없지만, 루니나 호나우디뉴의 멋진 골 드리블은 여전히 건재할 테니까…….

피아노와 바이올린이 사라지고 타악기 소리가 흘러나오는 음악회만 즐겨야 하며, 야구와 농구가 비인기 종목으로 추락한 세상에선 일상 생활부터 우리 세상과는 크게 달라진다.

이곳에선 아침에 일어나 화장실에 가면서부터 낯선 문화에 적응할 준비를 해야 한다. 양치질을 할 수 없으니 가글로 만족해야 하고, 아침을 먹을 때도 수저나 포크를 사용할 생각은 처음부터 하지 말아야 한다. 아니, 그런 도구 자체가 존재하지 않을지도 모른다. 손가락이 없는 사람들은 팔로 그릇을 들고 숟가락 없이 입을 사용해 음식을 먹을 것이다. 물론 우리에겐 낯설고 불편해 보이지만 그들도 이내 익숙해질 것이며, 나중에 숙달되고 나면 우리보다 훨씬 더 편하게 식사를 할지도 모른다. 하지만 두 세상의 식생활 문화는 굉장히 달라지겠지.
아침을 먹었으니 다시 화장실에 들러 소화 과정의 대단원을 장식할
차례. 일을 마친 후에는 손바닥만 한 버튼을 눌러 비
데로 깔끔하게 마무리를 해야 한다. 이곳에서 비데는
아랫도리의 청결을 위해 꼭 있어야 할 필수품이 된
지 오래다. 그들이 손가락 없이도 비데를 만들 수 있
는 과학 기술에 도달할 수 있을지는 의문이지만. 안
되면 그냥 쪼그리고 앉아서 물로 씻어야겠지.

　이제 몸단장을 마치고 출근을 해야 할 시각. 별다
른 장식이나 꾸밈이 없는 단조로운 디자인의 옷을 걸
치고 똑딱단추를 눌러 셔츠를 잠근다. 옷에는 구멍
단추나 지퍼가 없는 것이 이곳의 특징이다. '매듭'이
란 단어가 없는 세상이다 보니 넥타이 같은 건 상상도 할 수 없다. 반
지가 사라지고 팔찌가 가장 중요한 장신구가 된 것도 이 세상이 우리
와 다른 점이다.

손꼽아 숫자 세기

　손가락이 없다면 어떤 세상이 펼쳐질지 상상하고 있노라면, 손가락
이 있었기에 존재하게 된 많은 것들이 떠오른다. 손가락은 처음에 생

각했던 것보다 훨씬 더 많이, 이 세상을 유지하는 데 중요한 역할을 담당하고 있는 듯하다. 도대체 손가락은 이 세상을 어떻게 바꿔 놓은 것일까?

가장 근본적인 것 중의 하나로, 우리가 당연하게 사용하고 있는 숫자의 개념도 알고 보면 손가락이 10개나 있었기에 가능한 것이다. 우리는 수를 셀 때 10, 12, 60단위를 많이 사용한다. 문명이 시작된 이래 유럽, 동북아시아, 아랍 문명은 모두 10진법을 사용했다.

과학자들이 추론하건대, 이것은 손가락의 개수가 10개라는 사실과

밀접한 관련이 있다. 그 증거 중 하나가 우리말에서 수를 나타내는 단어의 어원이다. 우리말에 '다섯'은 손가락을 하나 둘 꼽아 가다가 모두 '닫았다'는 말에서 온 것이고, '일곱'은 3(닐)이 굽어 있다(곱)는 말이다. 즉, 3개의 손가락이 굽어 있다는 뜻이다. '여덟'은 열에 둘이 못 미친다는 것이고, '아홉'은 열(아)에 하나(홉)가 못 미친다는 뜻이다. 그리고 '열'은 굽었던 손가락이 모두 열렸다는 뜻이다.

다시 말해 손가락이 10개였기 때문에 10진법이라는 수 체계를 자연스럽게 만들 수 있었다는 것이다. 우리 손가락이 모두 6개였다면 우리는 지금쯤 6진법을 쓰고 있겠지?

시간의 단위로서 초와 분을 사용하고 60진법의 기원도 아직 논란이 많긴 하지만 손가락이 만들어 낸 수 체계라는 설이 강하다. 고대 바빌로니아 시대부터 사용되던 60진법은 손가락이 세 마디라는 사실과 관련이 깊다. 이라크, 터키, 인도, 인도네시아 등지에서는 아직도 손을 이용해 60진법 계산을 한다.

사람들은 손바닥을 펴고 엄지로 나머지 손가락의 마디를 짚어서 수를 세는데, 오른손의 엄지로 같은 손의 나머지 네 손가락의 마디를 모두 짚으면 12가 된다. 이 과정을 왼손의 다섯 손가락을 하나씩 꼽아 가며 다섯 번 반복하게 되면, 총 60($=5 \times 12$)이라는 숫자를 얻을 수 있다. 덕분에 연필 한 다스는 12자루, 1분은 60초, 1시간은 60분, 하

루는 12시간이 두 번 돌아오는 것이다.

이처럼 손가락은 수의 발달에 결정적인 교량 역할을 한 것으로 보인다. 수학과 추상적 사고가 크게 발전한 현대 사회에서는 눈으로 보기만 해도 물건의 수를 셀 수 있지만, 숫자가 발전하기 이전에는 상황이 크게 달랐다. 손가락이나 손가락의 마디를 물건 하나하나와 연결시켜 가면서 물건의 수량을 측정했고, 이를 다른 사람에게 알려 줄 때는 손동작을 이용했다.

손동작은 이렇게 해서 개수를 나타내는 기호의 역할을 하기 시작했고, 수의 개념이 발달하면서 이것을 말로 표현할 수 있게 되었다. 가

령 바나나 2개가 있으면 이전에는 손가락 2개를 들어서 표현했지만, 이제는 '2개'라는 말만으로도 그것을 알려 줄 수 있다. 사람들이 손동작과 음성 기호를 동일한 의미로 사용하게 되면서 손가락은 수를 세는 일에서 벗어날 수 있었고, 문자로서의 숫자가 탄생하게 된 것이다.

손가락, 문명을 잉태하다

손가락이 없는 세상을 상상하는 일은 끔찍한 일이다. 손가락이 없는 장애인들도 있지만, 그들은 손가락이 있는 사람들의 세상을 살아

가기에 불편하기만 할 뿐 그들이 아무것도 할 수 없는 것은 아니다. 그러나 손가락이 없는 세상을 상상하는 것이 끔찍한 이유는, 사람에게 손가락이 사라진다면 우리가 이룩한 문명 자체가 존재하지 않을지도 모른다는 불안감 때문이다.

우리는 흔히 손을 '제2의 뇌'라고 부른다. 손의 정교한 감각과 독보적인 운동 능력, 그리고 대뇌와의 직접적인 신경 연결 체계를 생각해 보면 그리 과장된 표현도 아니다. 어쩌면 손가락은 사람의 두뇌를 발달시킨 원동력이자 문명을 이룩한 일등 공신일지도 모르니까.

인류는 먼 조상으로부터 진화하는 과정에서 다른 동물들에게서 찾아볼 수 없는 몇 가지 특이한 해부학적 변화를 거쳤다. 즉, 대뇌에서

손 근육으로 직접 이어지는 신경 경로가 생겨났고, 뇌의 영역 중 손을 제어하는(운동성 및 감각성 1차 피질 영역과 전운동 피질이라 불리는) 영역이 크게 할당되었다. 뇌가 관장하는 신체 기관을 뇌 영역의 크기에 맞춰 그려 본다면, 손과 손가락은 뇌가 담당하는 영역이 매우 커서 무려 30%나 되는 면적을 차지하게 된다.

엉덩이나 다리보다 훨씬 큰 면적인데, 각 기관을 담당하는 뇌 영역이 그 신체 기관이 할 수 있는 운동의 정밀도와 복잡도에 따라 결정된다는 사실을 고려하면 실제로 손이 우리 몸에서 차지하는 기능적 크기가 얼마나 큰지, 다시 말해 뇌가 손가락의 섬세한 운동에 얼마나 많은 신경을 쓰고 있는지 알 수 있다. 그만큼 손가락을 움직이는 데에는 정교한 정보 처리가 요구되기 때문이다.

덕분에 손은 우리의 의지에 따라 매우 정교하게 움직일 수 있게 되었다. 손이 이처럼 예상치 못한 능력을 얻게 된 것은 인간이 두 발로 걷게 되었기 때문이다. 두 발로 서면서 손이 자유로워졌고, '손으로 무엇을 할까' 궁리하며 움직이다 보니 자연스럽게 손의 능력이 발전한 것으로 보인다. 어쩌면 그 반대였을지도 모르지만. (손가락을 많이 쓰다 보니 직립 보행이 필요했을지도 모른다.)

인간의 손을 뇌가 조절하는 방식은 다른 신체 기관과 매우 다르다. 손을 내 의지대로 움직이고자 하면 대뇌피질의 운동 영역에서 발생한

신호가 '피라미드로(추체로) 세포'를 거쳐 손 근육으로 직접 전해져 작용한다. 이는 다리 근육이나 다른 신체 기관에서는 찾아볼 수 없는 특이한 신경 연결 구조인데, 뇌가 손가락 근육 하나하나를 직접 제어할 수 있게 해 준다.

그 결과, 다른 근육 조직에서 나타나던 일괄적인 운동이 사라지고 손가락들이 독립적으로 운동하며 고도로 정교한 손동작이 가능해졌다. 다시 말해, '손'이라는 도구를 가진 인간은 망치를 사용하고, 피아노를 치며, 컴퓨터 자판을 누를 수 있는 동물로 발전하면서 위대한 인간 문명을 이루어 낼 수 있었던 것이다.

생각하는 손가락

미국의 신경 생리학자 프랭크 윌슨 박사는 그의 저서 《손》에서 손은 뇌의 계획과 프로그램에 따라 수동적으로 움직이는 신체 기관이 아니라, 오히려 뇌를 발달시키는 능동적인 기관이라고 주장한다. 적극적으로 집어 들고, 찌르고, 쥐어짜고, 만져 보고, 배우고, 구별하고, 밀치면서 터득한 손의 감각이 뇌의 정교한 신경망을 만들어 내는 데 필수적이라는 얘기다.

실제로 손과 손가락의 움직임을 관장하는 뇌 조직은 태어날 때부터

완성된 형태로 주어지는 것이 아니라, 자라면서 서서히 형성되어 간
다는 연구 결과가 꾸준히 발표되고 있다. 긴꼬리원숭이의 경우, 생후
6개월경부터 손동작이 정교해지면서 다른 원숭이의 털에 붙은 이를
잡아 주는, 일종의 사회적 행위인 '털 손질'을 할 수 있게 된다. 긴꼬
리원숭이의 대뇌피질 운동 뉴런들은 처음에는 경로가 느슨하게 형성
돼 있다가 생후 6개월부터 그 결합이 점차 강화된다.

인간의 경우도 마찬가지다. 아기는 생후 몇 달 동안에는 손가락을
따로 움직이지 못하고 주먹을 쥔 채 생활하지만, 자라면서 손가락을
펴고 독립적으로 움직이는 연습을 한다. 다시 말해 엄마와 함께 하는

'도리도리 잼잼 놀이'는 지능 발달에 매우 유용한 놀이라는 얘기다.

독일 콘스탄츠 대학 토마스 엘베르트 박사는 1998년 《네이처》에 발표한 논문에서 '점자판 독자들의 뇌가 손가락이 제공하는 정보로 자신의 뇌를 재구성할 수 있다'는 사실을 보여 주기도 했다. 점자로

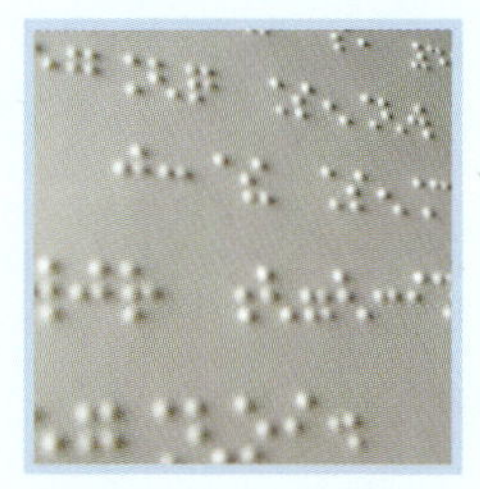

책을 읽는 사람의 뇌는 일반인들에 비해 뇌 구조와 기능에 많은 변화가 일어나는데, 그것도 한 손가락만으로 책을 읽는 경우보다 세 손가락으로 책을 읽을 때 손가락을 담당하는 대뇌피질 부위가 더 넓어진다는 것이다. 즉, 손가락을 많이 사용할수록 그것을 완벽히 수행할 수 있도록 뇌의 많은 영역이 그 기능을 맡게 된다는 것이다. 뇌는 쓰는 만큼 발달하는 것이다.

인류 문명 발달의 원천인 언어 또한 손가락과 밀접한 연관이 있다는 증거도 있다. 손을 이용한 동작이 단순히 의미를 전달하는 시각 언어가 아니라, 어휘 기억 장치의 문을 여는 열쇠로 작동한다는 것이다.

가령, 손가락을 움직이지 못하도록 막대를 꼭 잡게 하면 사람들이 평소보다 단어를 연상하거나 알아맞히는 능력이 현저히 떨어지고, 문제를 푸는 시간 또한 길어진다고 한다. 별다른 의미가 없어 보이는 손동작이 기억해 내기 힘든 단어를 상기하는 데 도움을 주기 때문에, 말을 잘 하기

위해서는 손동작을 많이 사용하라고 조언하는 것도 이런 이유에서다.

이처럼 손가락은 단지 없으면 불편한 도구가 아닌, 인류에게 오늘날과 같은 자연계 내 각별한 위치를 갖게 해 준 아주 특별한 기관이다. 독일의 철학자 칸트가 손은 '눈으로 볼 수 있는 뇌의 일부'라고 표현한 것도 결코 과장이 아니다.

벙어리장갑과 손가락

눈 내리는 겨울날, 벙어리장갑을 낀 젊은 여성과 어린아이들을 보면 우리는 마냥 귀엽고 순수한 느낌을 받는다. 때론 어린 시절 눈사람을 만들며 보낸 즐거운 시간들을 떠올리게도 만든다. 그런데 왜 우리는 벙어리장갑에서 무의식적인 순수함을 느끼게 되는 걸까? 손가락이 없는 장갑을 왜 우리는 '벙어리장갑'이라고 부르는 걸까?

벙어리장갑을 보면 조금은 아둔하고 어수룩한 느낌, 약삭빠르지 않고 멍청해 보이는 느낌을 받게 되는 것이 혹시 손의 역할을 본능적으로 감지하고 있는 사람들의 무의식적인 반응은 아닐까? 손가락을 잃어버린 손은 말을 잃어버린 벙어리와 다름없다는, 가장 중요한 무언가를 할 수 없는 무능력한 손을 '순수'라는 이름으로 포장한 것은 아닐까?

우리가 장애인들에게 갖는 이중적인 편견을 벙어리장갑이 은연중에 드러내고 있는 것은 아닐까? 그런 점에서는 '벙어리장갑'이라는 단어가 새삼 무섭게 느껴지기도 한다. 그 안에 담긴 순수함의 이면에 또 다른 얼굴이 숨어 있는 것은 아닌가 해서…….

무언가를 꼼지락거리지 않으면 안 되는 현대인들의 손가락은 지금 어떤 일을 하는 데 사용되고 있는가? 젓가락을 쥐고 휴대폰의 문자를 찍으며 연필로  글씨를 쓰고 있는 내 손가락들을 들여다보자. 아름다운 음악과 화려한 스포츠를 만들어 내고, 수학과 언어를 발전시켰으며, 지금도 우리의 뇌를 날마다 성숙하게 만드는 10개의 손가락이 새삼 위대해 보인다.

디지털 1010 1001 1011 1011 0110

제3부

희한한 상상
흥미로운 세상

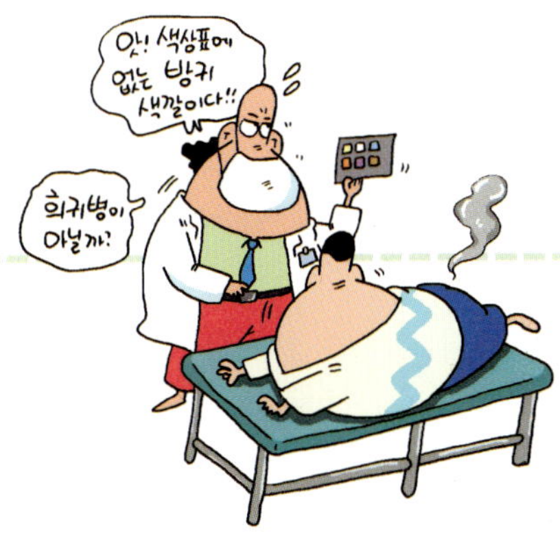

만약 방귀에 색깔이 있다면?
만약 아기가 나무에서 열린다면?
만약 π의 크기가 달라진다면?
만약 등호를 발견하지 못했다면?

원시 지구는 원래 메탄가스, 암모니아, 수소, 수증기를 포함한 대기로
이루어져 있었다. 지구에서 생명이 탄생할 수 있었던 것은 바로 이런
물질들 때문이다. 우리가 날마다 뀌는 방귀에 이런 물질들의
일부가 고스란히 들어 있다.

—알렉산더 오파린, 러시아 생화학자

옴짝달싹할 수 없는 만원 엘리베이터 안. 다들 무심한 표정으로 내릴 걱정만 하고 있는데, 유독 한 사람만 안절부절못하고 있다. 이런, 식은땀까지 흘린다. 어디가 아픈 걸까? 사람들이 뿜어내는 이산화탄소로 엘리베이터 안은 공기가 탁해 숨이 막힐 지경이다.

그런데 저 사람 뒤로 꼬물꼬물 올라오는 노란색은? 아하! 방귀를 참느라 얼굴이 저 모양으로 된 거였군. 방귀 색깔은 예쁜데, 냄새는 정말 지독하다. 자연스런 생리 현상이긴 하지만 조금만 참아 주었으면 좋으련만. 이런 밀폐된 공간에서 지독한 방귀라니!

이젠 방귀도 컬러 시대

우리가 하루에 뀌는 방귀 횟수는 대략 10~15회. 그 양은 무려 1.5L에 해당한다. 우리가 이토록 매일같이 뿜어 대는 방귀에 색깔이 있다면 인간의 문화는 어떻게 바뀌었을까? 그야말로 인류학적 고찰이 필요한 상상이 아닐 수 없다.

방귀에 색깔이 있다면 제일 먼저 신경 쓰이는 것은 방귀를 뀌었을 때 더 이상 오리발을 내밀 수 없다는 점이다. 방귀를 뀌고도 시치미를 뚝 떼는 친구들 때문에 늘 골탕을 먹었던(정확하게는 임자 모를 방귀를 마셔야만 했던) 사람이라면 만세를 부를 일이다. 천연덕스러운 표정으로 정말 아니라고 발뺌을 하면서, 엄한 사람에게 뒤집어씌울 때마다 얼마나 억울해 했던가!

이젠 더 이상 소리 내지 않고 방귀를 뀌려고 항문 괄약근을 빡빡 조일 필요가 없다. 그게 다 무슨 소용이란 말인가! 우렁찬 방귀 소리야 면할 수 있겠지만, 모락모락 피어오르는 노란색 빨간색 영롱하기 그지없는 방귀를 숨길 방법은 도저히 없는 것을…….

앞으로는 누가 더 멋진 색깔과 다양한 모양의 방귀를 뀔 수 있는지를 가리는 '방귀 경연 대회'가 인기를 끌 전망이다. '방귀 경연 대회'

에서는 아름다운 색깔과 창의적인 모양의 방귀를 선보인 사람이 최고의 영예를 얻게 되겠지? 우승을 하기 위해서는 전날 저녁에 아주 다양한 음식을 먹어야 한다. 그래야 오색찬란한 방귀를 만들 수 있을 테니까.

콘서트장의 무대 조명도 간단히 해결할 수 있다. 지금까지는 흰색 드라이아이스에 색깔 있는 조명을 비추어 무대 분위기를 연출했다. 파란 조명, 빨간 조명, 노란 조명을 부지런히 교체해 가며 무대 분위기를 열심히 바꿔야만 했다. 하지만 이제는 걱정할 필요가 없다. 그저 밝은 빛을 내는 조명만 있으면 된다. 콘서트 입장권을 예매할 때 벽에 붙어 있던 다음과 같은 공지 사항만 잘 지키면 무대 조명은 끝!

공지 사항

공연을 할 때 무대 제작 비용을 줄이고 관람객 여러분께 좀 더 나은 환경을 제공하기 위해서, 다음과 같은 식사를 제공할 예정입니다. 공연 시작 1시간 전에 미리 오셔서 여유 있게 식사를 마쳐 주시기 바랍니다.

R석은 고구마, A석은 무, B석은 보리, C석은 우엉을 주 재료로 한 맛있는 음식을 제공할 예정입니다. 공연 도중 가수가 "power! power! power!"를 세 번 외치면, 세 번째에 일제히 정신을 집중시켜 방귀를 뀌어 주시길 부탁드립니다. 공연은 가수와 관객이 함께 만들어 가는 것입니다.

*주의 사항 : 콘서트장에 오실 때에는 '방귀 냄새 흡수 장치'를 반드시 지참하세요.

자, 이제 공연이 시작된다. 가수가 열창을 하다가 '파워'란 구호를 3번 외치자, 관객들은 일제히 함성을 지르며 '뿌~웅' 하고 방귀를 뀐다. R석에선 노란색 방귀가 피어오르고, A석에선 파란색 방귀가 뿜어져 나온다. 좌석별로 오색찬란한 빛깔이 무대를 한껏 달아오르게 만든다. 깜빡 잊고 '방귀 냄새 흡수 장치'를 착용하지 못한 관객 몇몇이 들것에 실려 나간다.

어디 그뿐인가. 출근 시간 지하철에선 매일 진풍경이 벌어진다. 아침을 든든하게 먹고 나온 직장인들과 학생들의 뱃속에서는 장 내 세균들이 분주하게 움직이는 가운데 쌍바윗골 사이로 오색찬란한 방귀가 분출되어 나올 테니까. 빨간색 방귀, 노란색 방귀, 검은색 방귀, 하얀색 방귀…….

색색이 뿜어져 나와 지하철 안의 시야가 심하게 흐려질 수도 있다.

이런 현상을 방지하기 위해 지하철에는 특별한 환풍기가 설치돼 있지만, 특별히 고약한 냄새로 알려진 노란색 방귀를 피하느라 사람들은 지하철 안에서도 열심히 돌아다녀야 한다.

방귀가 색색깔인 세상에선 식사 예절이 각별히 중요하다. 레스토랑 테이블마다 여기저기에서 노란색과 빨간색이 피어오른다면 가만히 앉아서 밥 먹기가 쉽지 않을 것이다. 아마도 방귀 역시 대소변과 마찬가지로 화장실에서 뀌는 것이 에티켓으로 바뀌지 않을까. 그렇게 되면 화장실에는 방귀 흡수 장치를 설치하는 게 필수! 그곳에 앉아 방귀를 뀌면 공기가 흡수되도록 하는 시스템이 완비되어야 하기 때문이다.

그리고 엄마들은 팬티를 빨 때 각별한 주의가 필요할 것이다. 팬티를 2~3일만 입어도 노란색 파란색 얼룩이 심각할 테니까. 대신 이런 세상에선 방귀 색깔만으로 자녀들의 건강을 체크할 수 있는 의학 정보가 상식 중의 상식으로 자리 잡겠지!

색깔 있는 방귀를 만들자

뽕뽕 방귀를 뀔 때마다 엉덩이에서 모락모락 갖가지 색깔이 피어오르는 세상! 그 재미있는 광경을 지켜보고 있노라면 냄새쯤이야 참아줄 수 있을 것 같은 생각이 들지도 모른다. 그런데 어떻게 하면 방귀에 색깔을 입힐 수 있을까? 원래 방귀는 상온에선 투명한 상태로 존재하기 때문에 눈으로는 볼 수 없다.

소화가 잘 안 돼 속이 더부룩할 때 사람들은 보통 "장에 가스가 꽉 찼다."고 말한다. 위에 존재하는 가스는 대개 질소 79%, 산소 17%, 탄산가스 4%로 이루어져 있는데, 우리가 마시는 대기의 공기 성분도 질소 78%, 산소 21%, 탄산가스 1% 정도인 걸 보면, 입으로 들이마신 공기가 결국 장에 차 있는 것으로 추측할 수 있다.

사실 우리는 식사를 할 때 음식물뿐만 아니라 제법 많은 양의 공기를 같이 먹는다. 이렇게 음식물과 공기가 함께 장으로 이동하면서 '방귀'를 만들어 내는 것이다.

우리의 방귀에는 왜 색깔이 없을까? 방귀의 성분은 주로 질소, 산소, 이산화탄소, 수소, 메탄가스 등이다. 이중에서 질소, 산소, 이산화탄소는 공기와 함께 유입된 것이고, 수소와 메탄가스가 장 내 세균들이 음식물을 먹고 뱉어 낸 것들이다.

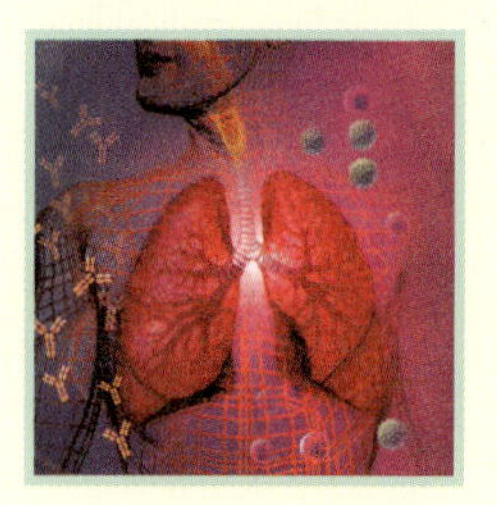

흔히들 '방귀' 하면 메탄가스부터 떠올리지만, 우리의 상식과는 달리 메탄가스가 포함된 방귀를 끼는 사람은 전체 인구의 약 1/3 정도밖에 안 된다. 오히려 방귀 성분 중에서 가장 많은 비중을 차지하는 것은 '수소'이다.

사람마다 장 속에 다른 종류의 세균을 지니고 살지만 대부분의 장 내 세균은 늘 장 속에 터줏대감 노릇을 하며 음식물 찌꺼기들을 먹고 수소를 배출한다. 세균들 중에는 수소를 마시고 살면서 메탄가스를 만드는 놈들도 있는데, 이 녀석들이 바로 독한 방귀의 주범이다. 그런데 안타깝게도(?) 이 모든 방귀의 성분들은 색깔을 띠고 있지 않다. 그래서 우리의 방귀엔 색깔이 없다.

방귀에 색을 넣으려면 어떻게 해야 할까? 좀처럼 좋은 아이디어가 떠오르지 않는다. 사실 '색'은 물체의 표면에서 어떤 파장의 빛이 반사되느냐에 따라 결정된다. 예를 들어, 잘 익은 사과는 빨간 파장의 빛을 반사시키기 때문에 붉은색으로 보이는 것이다. 그러나 기체는 사과 같은 고체나 액체와는 달리, 그 밀도가 매우 낮아 대부분의 빛을 통과시키기 때문에 반사되는 빛의 양이 매우 적다. 따라서 강한 전압을 걸어 주거나 고온으로 가열하지 않는 이상 아무런 색깔도 띠지 않는다.

밤거리의 현란한 네온사인의 색깔도 기체가 만들지만, 전기가 제공하는 에너지 없이는 색을 만들어 낼 수 없다. 그러니 아주 적은 양의 기체에 불과한 방귀가 우리 눈에 보이는 특유의 색깔을 띠기란 쉽지 않다.

그렇다면 '색깔 있는 방귀'에 대한 상상은 이대로 끝나고 마는 것일까? 한 가닥 희망이 있긴 하다. 희망의 열쇠는 장 내 세균. 방귀를 만들어 내는 장 내 세균들이 한 번 더 힘을 써 준다면, 색깔 있는 방귀를 만드는 일도 허황된 꿈만은 아니다. 만약 세균들이 장에서 색색의 물질을 미세한 가루 형태로 만들고, 이렇게 만들

어진 색소들이 방귀가 배출될 때 마치 분무기의 물방울처럼 공기 중으로 함께 뿌려진다면 색깔 있는 방귀를 감상할 수도 있다.

이때 방귀 가루는 공기 중에 쉽게 떠 있을 수 있을 만큼 아주 고운

입자여야만 한다. 하지만 아쉽게도 지금 우리 뱃속에서 열심히 활동하고 있는 여러 장 내 세균들은 그만큼 가벼운 색 입자를 만들지 못한다. 대신 우리들의 똥 색깔만 결정해 주고 있을 뿐이다. (우리가 무엇을 먹든 똥 색깔이 비슷한 것은 바로 그 때문이다.)

방귀 색깔로 건강 상태를 알 수 있을까?

소변과 대변 상태를 보고는 건강 상태를 어느 정도 짐작할 수 있다. 그렇다면 방귀는 어떨까? 속이 안 좋을 때 방귀 냄새가 고약해지거나 횟수가 잦아지니 방귀 역시 건강 상태를 판단하는 잣대가 될 수 있다고 생각하기 쉽다. 하지만 방귀는 먹은 음식물과 세균의 작용에 의한 것이기 때문에 건강 상태까지 진단하기는 쉽지 않다.

예를 들어 사람들이 싫어하는 방귀 특유의 구린내는 장내 세균이 만들어 내는 황화수소물(SH)의 작품이다. 때문에 황 성분이 많이 함유된 브로콜리, 달걀, 소고기를 많이 먹었을 경우 방귀 냄새가 지독해진다. 몸에 병이 생겨서 방귀가 구려지는 것이 아니라, 무엇을 먹었는지에 따라 구린내의 정도가 달라진다는 얘기이다.

하지만 각양각색의 방귀가 위장 기관의 상태에 따라 그에 따른 색깔을 띠고 나온다면 상황은 달라질 수 있다. 파란색 방귀는 소화 불량, 흰색 방귀는 장염, 황토색 방귀는 위산 작용 불량, 주황색 방귀

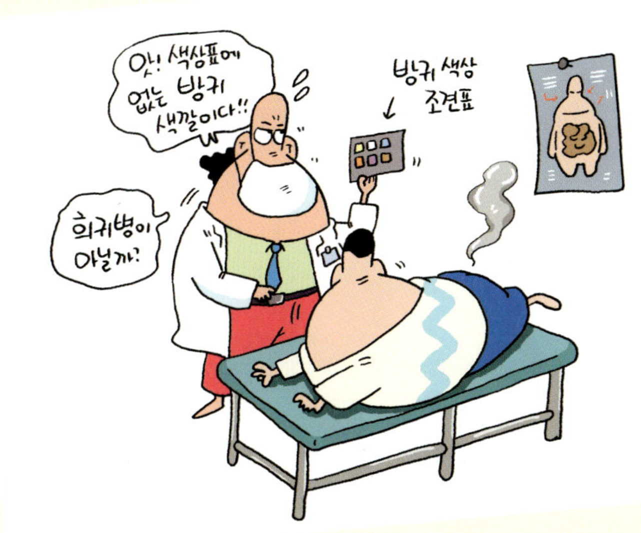

는 이자샘 불량과 같이, 건강 상태에 대한 진단을 내릴 수도 있을 테니 말이다.

그렇게 되면 내과 의사들은 소화기 계통 질병을 진단할 때 방귀 색깔로 도움을 얻을 수 있다. 환자 입장에서도 편한 구석이 있다. 속이 좋지 않아 병원에 찾아갔을 때 속이 더부룩한 건지 메스꺼운 건지 울렁거리는 건지 정확한 표현을 찾기 어려울 때, 최근 방귀 색깔을 보여 주면 검진도 한결 간편해진다.

이쯤 되면, 평소에 방귀의 색깔을 체크하는 것이 얼굴 혈색을 살피는 것만큼이나 건강 관리에서 중요해질 것이다. 행여나 의사 앞에서

방귀 색깔이 정확히 기억나지 않는다고 해서 너무 걱정하진 마시길. 여러 음식들 중에서도 초고속으로 방귀를 만들어 내는 '고구마'가 진찰실 한켠에 항상 준비되어 있을 테니까. (고구마를 먹으며 대기실에서 기다리는 내과 환자들을 상상해 보시라.)

형형색색, 어지러운 공기가 싫어

방귀에 색깔이 있는 세상과 그렇지 않은 세상. 만약 당신이 이 두 세상 중 하나의 세상을 선택할 수 있다면, 어느 세상에 살고 싶은가?

색깔 있는 방귀가 넘치는 세상은 처음에는 분명 신기하겠지만 곧 싫증을 내게 될 것이다. 사람들 엉덩이에서 시시때때로 뿜어져 나오는 기체들 때문에 맑고 투명한 공기는 사라지고, 여기저기에서 '엉덩이에서 피어오르는 연기'를 봐야만 하니까. 사람들은 곧 "나, 돌아갈래~!"를 외치며 절규하게 되지 않을까?

방귀를 매일같이 뀌는 것도 아닌데, 걱정이 너무 지나치지 않냐고? 요 며칠 사이 방귀를 한 번도 뀌지 않았다고 자신하는 사람이 있다면 손을 번쩍 들어 보시길……. 본인이 느끼지 못해서 그렇지 정상적인 소화 기관을 가진 사람이라면 누구나 하루에 콜라 1.5L 페트병 하나만큼의 방귀를 뀌며 살고 있다.

적게는 450mL, 많게는 2000mL의 생체 가스가 우리도 인식하지 못하는 사이, 열 번에서 열다섯 번 정도로 나뉘어 엉덩이 사이로 빠져나간다. 심지어 죽고 난 직후에도 사람의 몸에 아직 남아 있던 방귀는 밖으로 빠져나온다. 이른바 시체들의 방귀.

그런데도 이런 사실을 잘 모르는 이유는 영리한 방귀가 사람들이 자기 냄새를 좋아하지 않는다는 것을 알고, 몸에서 빠져나오는 즉시 스리슬쩍 주변의 공기 속으로 숨어 버려서다. 덕분에 내 방귀 냄새를 오래 맡지 않아도 되지만, 극장이나 전시회처럼 사람들이 많이 모여 있는 곳에선 남의 방귀 냄새를 맡아야만 한다. 잠시 주위를 둘러보시라. 지금도 옆사람의 엉덩이에서 방귀가 모락모락 피어오르고 있을지도 모르니까.

특히나 밀폐된 공간에서 생활하는 사람들에게 방귀는 상당한 불쾌감을 준다. 더운 여름날 주위에서 색깔 방귀를 뀌는데 그것을 피할 방도가 없는 상황이라면, 그래서 그걸 뻔히 보면서 마셔야 한다면 그 고통은 2배가 되리라. 땀 냄새만으로도 생활하기가 고약한 여름날에 색깔 방귀까지 합세한다면 상상만 해도 끔찍하다. 정말 끔찍해!

방귀는 구리다. 그러나 부끄럽지 않다!

사람들의 엉덩이 사이에서 개성 있는 색깔의 기체가 수시로, 장소를 불문하고 새어 나오는 세상. 상상만 해도 은은한 구린내가 눈가에 어른거린다. 그런데 색깔 있는 가스를 마땅히 숨길 방법도 없으니, 오히려 방귀를 발사하는 우리의 자세도 지금과는 꽤 많이 달라지지 않을까?

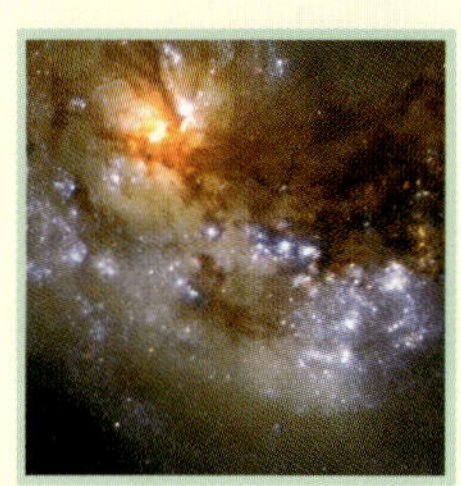

제법 당당하고 과감하게 방귀를 대하는 것이 색깔 방귀 세상에 사는 사람들의 정신 건강엔 더 좋을 테니 말이다. 소리가 크든 작든, 냄새가 구리든 덜 구리든, 누구나 방귀를 뀌면 금세 눈으로 알아차릴 수 있으니, 방귀를 뀌는 일은 더 이상 부끄럽거나 민망한 일이 아니다. 은은하게 퍼지는 그 오묘한 구린내도 하품이나 딸꾹질같이 자연스런 생리 현상으로 받아들이는 관대한 세상이 되지 않을까?

생각해 보면 방귀란 처음부터 부끄러워해야 할 것도, 큰 실례가 되는 일도 아니다. 사람은 물론, 모든 동물들은 생명을 유지하기 위해 누구나 방귀를 뀐다. 피할 수 없다면 즐기라고 했던가? 아무 곳에서나 거침없이 뿜어 댈 필요는 없지만, 더럽고 수치스러운 것이라고 생각할 필요도 없다!

오파린의 말처럼, 방귀의 주된 성분은 원시 지구의 대기와 유사했다. 지구에서 생명이 탄생할 수 있었던 것도 바로 이런 물질들 때문이었다. 과학의 눈으로 보자면, 우리는 날마다 생명을 탄생시킨 '원시 지구의 향기'를 맡고 있는 것이다.

≫ 미 항공 우주국에서 방귀를 연구했다고? ≪

광활한 우주를 탐사하고 항공 공학을 연구하는 미 항공 우주국(NASA)과 방귀는 전혀 어울리지 않은 것 같아 보인다. 하지만 전혀 관련 없을 것 같은 이 둘은 사실 매우 친하다. 안전한 우주 탐사를 위해 우주 비행사들의 방귀를 조절하는 것은 매우 중요하기 때문이다.

잘 알다시피, 우주선은 외부와 완전히 차단된 밀폐된 공간이다. 공기가 빠져나갈 구멍이 전혀 없는 그곳에서 방귀를 뀐다면? 작은 스파크에도 폭발할 수 있는 메탄가스, 수소와 같은 인화성 기체가 비록 소량일지라도 떠돌게 마련이다. 게다가 우주선 안은 전자기로 가득 차 있어 메탄가스가 노출될 경우 폭발의 위험이 크다.

설마 방귀 때문에 폭발을 할까, 하고 의심스러워진다면 우리가 집에서 쓰는 도시 가스를 생각해 보시라. 도시 가스를 연료로 하는 가스레인지에는 불꽃이 점화되는 한쪽 귀퉁이에 스파크를 일으키는 작은 장치가 있다. 아주 미미한 스파크에서 불이 붙는 것을 본다면 우주선에서 방귀 가스가 폭발하지 않는다고 어찌 장담할 수 있으랴!

이런 이유로 미 항공 우주국에서도 방귀의 성분이나 양에 대한 연구를 할 수밖에 없었다. 현재 우리가 알고 있는 방귀에 대한 상당한 정보와 이해는 미 항공 우주국 덕분에 이루어진 것이다.

》 가축의 방귀를 인류의 선물로! 《

지구 온난화는 수증기나 이산화탄소 같은 온실 가스가 지구에 도달한 태양열을 다시 지구 밖으로 나가지 못하게 막음으로써 일어난다. 이러한 현상은 극지방의 빙하를 녹여 지구 해수면의 변화를 가져오고, 세계 곳곳에 이상 기후 현상을 초래할 수 있다.

1980년 이후 10년간 온실 효과에 영향을 미친 기여도는 이산화탄소가 56%로 가장 높고, 프레온 24%, 메탄가스 11%, 이산화질소 6% 순이다. 생각보다 메탄가스의 비중은 작은 편이다. 하지만 메탄가스는 같은 중량일 때 이산화탄소보다 20~60배의 열을 축적할 수 있다는 데 그 심각성이 있다. 다시 말해 적은 양이 배출되더라도 온실 효과에 미치는 영향이 크다는 얘기다.

놀라운 것은 한 해 생성되는 메탄가스의 1/5 정도는 가축들이 뿜어내는 방귀에서 나온다는 사실이다. 한가로이 석양을 바라보며 풀을 뜯고 있는 소 한 마리가 지구 온난화를 유발하는 데 심각한 기여를 하고 있는 셈이다.

그렇다면 소는 얼마만큼의 메탄가스를 내뿜는 것일까? 소 한 마리가 보통 하루에 트림과 방귀로 배출하는 생체 가스의 양은 280L 정도라고 한다. 소가 이처럼 많은 양의 메탄가스를 뿡뿡 내뿜는 데는 그럴 만한 이유가 있다.

소가 즐겨 먹는 풀에는 소화가 잘 되지 않는 셀룰로오스란 섬유질이 많이 들어 있다. 소가 소화를 위해 되새김질을 여러 번 반복하면 위 속에 들어 있는 대장균이 셀룰로오스를 소가 흡수할 수 있는 휘발성 유기산으로 분해시킨다. 이 과정에서 나오는 부산물이 메탄가스이다. 주로 풀만 먹는 소가 소화 불량에 걸리지 않기 위해서는 끊임없이 되새김질을 해야 하고, 그러다 보면 메탄가스도 많이 생겨날 수밖에 없다.

하지만 가축이 내뿜는 방귀 속 메탄가스는 꼭 지구를 온난화시키는 골칫덩이만은 아니다. 잘만 이용하면 인류를 위한 큰 선물이 될 수도 있다. 현재 전 세계에 퍼져 있는 소의 수는 약 13억 마리. 소 1마리당 연간 60~113㎏의 방귀를 뀐다고 하니, 연간 1억 톤의 메탄가스를 내뿜고 있다는 계산이 나온다. 다른 가축의 방귀까지 합치면 그 양은 더욱 많아진다.

메탄가스는 불이 잘 붙는 성질이 있으니, 가축들이 쏟아내는 이 엄청난 양의 메탄가스를 모을 수 있다면 에너지 걱정은 안 해도 되지 않을까. 방귀 속 메탄가스를 모으는 흡수 장치가 고안된다면 이상 기후 현상도 줄어들고, 에너지 걱정도 줄이고, 무엇보다 방귀에 대한 인식도 달라질 수 있을 것이라 기대된다. 그런데 방귀를 어떻게 모으지?

"여러분, 이상 기온으로 쌀벌레의 일종인 바구미가 멸종하면서
스위스의 한 농장에서는 스파게티가 열리는 나무가 탄생했다고 합니다."

—만우절 100대 거짓말 1위로 선정된, 영국 BBC 방송 1957년 4월 1일자 뉴스

“엄마, 엄마, 아기는 어디에서 나와요?”

“글쎄……, 어디서 나올까? 학이 물어다 주기도 하고, 다리 밑에서 주워 오기도 하지.”

“정말? 그럼 나는? 나도 다리 밑에서 주워 온 거예요?”

“응~, 사실은 말이야. 엄마가 예전에 꿈속에서 아기 머리만큼 크고 탐스런 복숭아 하나를 따 왔단다. 그러고 나서 네가 엄마 배꼽에서 나왔지.”

“아, 그럼 난 엄마가 나무에서 따 온 거구나!”

누구나 어렸을 적 엄마와 한 번쯤은 해 봤음 직한 대화다. 아기가 어떻게 태어나는지 궁금해서 물어보면 어른들은 왜 한결같이 엉뚱한 대답들만 하시는지……. 그나마 상상의 숨통을 틔워 주던 것은 할머니의 태몽 이야기였다. 용이 승천하고, 구렁이가 꿈틀대며, 밝은 별이 반짝이거나 탐스러운 복숭아를 따는 태몽 말이다. 앞뒤 덮어놓고 아기는 엄마 배꼽에서 나온다는 시시하고 따분한 이야기보다는, 아름드리 나무에서 따 온 큼직한

복숭아가 아기가 되었다는 이야기가 더 그럴듯하게 느껴지곤 했다.

그런데 정말로 아기가 나무에 열릴 수는 없는 걸까? 임신이라는 번

거로운 과정을 거치지 않고도 아기가 태어날 수 있다면, 엄마들은 죽을 만큼 아프다는 산고의 고통을 겪지 않아도 되니 괜찮을 것도 같은데. 만약 아기를 나무에서 딸 수 있게 된다면 세상은 어떤 모습이 될까? 나무에서 복숭아를 따는 태몽처럼.

아기가 나무에 주렁주렁?

"안녕하세요! '꿈꾸는 홈쇼핑'입니다. 오늘 소개해 드릴 상품은 '무럭무럭 유기농 아기 열매 과수원' 이용 티켓입니다. 많은 사람들의 관심 속에 드디어 문을 연 '무럭무럭 유기농 아기 열매 과수원'은 유리 온실만 해도 10만 평을 자랑하는 국내 최대 규모입니다. 사시사철 엄마 뱃속처럼 36.5℃로 유지되는 이 온실 안은 아주 아늑한 데다, 비

바람 걱정도 없어서 내 아이를 키우는 데에는 그야말로 딱이죠.

최첨단 영양 공급 시스템을 갖춘 '무럭무럭 유기농 아기 열매 과수원'! 당신에게 건강하고 싱싱한 아기 열매를 보장할 모든 서비스를 제공해 주는 프리미엄 티켓을 오늘만 '꿈꾸는 홈쇼핑' 독점으로 30% 할인해서 판매하고 있습니다. 방송을 시작하자마자 문의 전화가 빗발치는군요. 사랑스런 내 아이를 위해 지금 즉시 전화 주세요!"

아기를 출산하기 위해 산부인과 대신 아기 열매 과수원을 찾아가는 세상. 이곳에선 여느 과수원처럼 아기가 열매처럼 주렁주렁 열린다. 수박만 한 크기의 이 열매는 겉껍질은 코코넛처럼 딱딱하고, 속은 끈적끈적한 반투명 액체로 가득 차 있다. 아기는 이 액체 속에서 두둥실 두리둥실 떠다니는 상태로 10개월 동안 바깥세상을 맞이할 준비를 한다. 가끔은 태풍이나 비바람에 열매가 떨어져

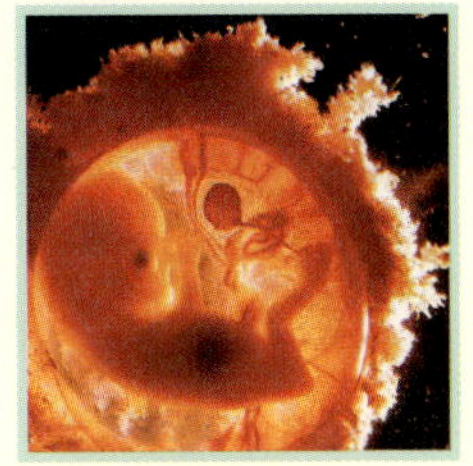

유산이 되는 경우도 있기 때문에 순산을 위해서는 무엇보다 비바람을 피하는 것이 가장 중요하다.

온갖 어려움을 이겨내고 아기가 튼튼하게 자라려면 아기 열매 나무는 말 그대로 '아낌없이 주는 나무'여야 한다. 나무는 아기에게 필요한 모든 영양분을 공급하고 외부의 자극으로부터 보호한다. 270여 일 동안 나무의 보살핌 아래 무럭무럭 자란 아기의 출산 예정일. 아기 감별사는 아기 열매의 꼭지를 세심하게 살펴보기도 하고 껍질을 손가락으로 통통 두드려 보기도 한다.

"음, 이놈 잘 자랐구먼!"

아기 감별사가 다 익은 아기 열매를 따서 껍질을 벗겨 내는 수술을 마치면, 아기는 비로소 '응애' 하고 울음을 터트리며 세상의 빛을 보게 된다.

무럭무럭 유기농 아기 열매 과수원은 몇 가지 특별한 서비스를 제

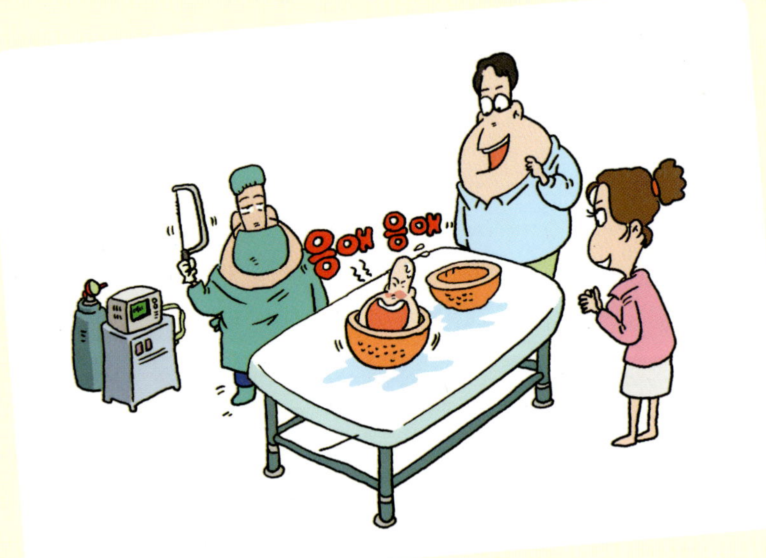

공한다. 오직 유기농 비료만 사용하고 농약을 일절 사용하지 않는다
는 점이 그중 하나이다. 얼마 전 농약을 지나치게 많이 친 아기나무
에서 태어난 아기들이 아토피 피부염으로 고생하고 있다는 보도가 나
간 후로 유기농 과수원의 서비스는 인기가 날로 높아지고 있다.

　농약을 치지 않으면 아기 열매에 벌레가 끼어 유산될 위험이 크기
때문에 그만큼 손이 많이 간다. 하지만 사람들은 웃돈을 얹어 주고서
라도 농약 없이 퇴비만으로 아기 열매를 키우는 유기농 방식을 선택
한다. 비록 임신이라는 원시 시대 풍습은 사라졌지만, 건강한 아기를
낳기 원하는 부모의 마음은 변하지 않았기 때문이다.

가끔 과수원에 들러 "꼭 이 비료만 사용해 주세요!"라고 부탁하는 사람들도 있다. TV의 일일 드라마가 끝난 직후에 나오는 아기 비료 광고를 보고선, 꼭 그것을 사다가 뿌려 줘야 마음이 놓이는 집들이 늘어나고 있다. (내 아이를 최고로 키우고 싶어용!)

사실 아기 열매 나무는 엄마의 자궁 속 환경을 97% 이상 재현하고 있기 때문에 기본적인 비료 외에 따로 추가해 줄 것은 없다. 엄마의 몸속에서 생성된, 태아에게 필요하다고 밝혀진 80여 가지 호르몬은 아기 나무 열매의 물관을 통해 꾸준히 공급된다.

또한 아기의 성장에 필요한 필수 영양소들도 아기 열매에 직접 발라 주는 영양크림, 링거 등으로 충분히 보충되고 있다. 특히 링거 속의 영양분은 단백질, 칼슘과 미네랄, 비타민, 탄수화물, 지방 등 아주 다양하다.

아기 나무 과수원에는 24시간 방범 시설이 작동한다. 새로운 생명이 태어나는 신성한 분위기에 어울리지는 않지만, 높은 담과 전기 철조망, 삼중 출입 통제 시스템이 과수원을 꽁꽁 포위하고 있다. 이

는 아기 열매를 훔쳐 가는 전문 서리꾼들을 막기 위한 장치이다.

아기 열매를 훔쳐 가는 것은 수박이나 참외 서리와는 달리 유괴에 버금가는 중죄다. 그 누구도 한 가정의 소중한 생명을 가로챌 수는

없다. 하지만 몇몇 사람들은 뛰어난 지능과 매력적인 신체 조건의 유전자를 가진 아기 열매를 훔치려고 애쓴다. 훌륭한 유전자를 가진 아이를 입양하고 싶어 하는 부모를 대상으로 아기 열매 암거래 시장도 성행한다.

내 아이는 내 손으로, 화분에서 직접 키운다!

아기들에게 좀 더 좋은 환경을 제공하고 싶은 부모들은 아기 나무 화분을 구매하기도 한다. 집 안에서 직접 아기 나무를 키우기 위해서

다. 아기 나무 화분은 열매를 서리당할 염려도 없고, 나무 하나에 오직 하나의 열매만 열리기 때문에 좀 더 좋은 영양 상태를 유지할 수 있다. 또한 사랑스런 아기 열매를 곁에 두고 함께 지낼 수 있으니 유난스런 엄마들에겐 아기 나무 화분이 큰 인기다.

하지만 집에서 아기 나무를 키우려면 여간 번거로운 게 아니다. 때맞춰 인공 혈액을 공급해 줘야 하고, 비료, 링거, 영양제도 제공해 주어야 한다. 또한 아기 열매의 온도를 늘 36.5℃로 유지시켜 주는 값비싼 장비를 집 안에 갖추는 것도 만만치 않다.

행여 아기 열매에게 신선한 공기를 맛보게 해 주려고 마당에 아기 나무 화분을 놓는다면, 아기 나무를 24시간 잘 지켜야 한다. 까치나 고양이들의 호기심이 아기 열매에겐 돌이킬 수 없는 상처를 남길 수 있으니까.

번거롭고 비용이 많이 든다는 단점에도 불구하고, 아기 나무 화분은 부모들에게 큰 기쁨을 안겨 준다. 튼튼하게 자라서 껍질을 뚫고 건강하게 나오기를 기다리는 마음에서 엄마들은 오색찬란한 술을 나무에 매달아 두기도 하고, 내 아기가 멋진 화가가 되길 바라는 마음으로 열매에 그림을 그려 넣기도 한다. (이곳에선 "될 성부른 나무는 떡잎부터 알아본다."는 속담이 금과옥조!)

모차르트 음악을 들려주고 태담을 나누며 아기 열매의 태교에 열을

올리는 아빠들도 있다. 아기 나무 화분을 키우며 느끼는 이런 재미들은 최신식 설비가 갖춰진 아기 나무 열매 과수원에선 느낄 수 없는 값진 즐거움이다.

엄마를 대신할 인공 자궁을 만들 수 있을까?

아기가 나무에서 열린다니, 너무 황당한 상상이라고? 이런 엉뚱한 상상을 누가 할까 싶지만 놀랍게도 우리가 처음은 아니다. 우선 엄마

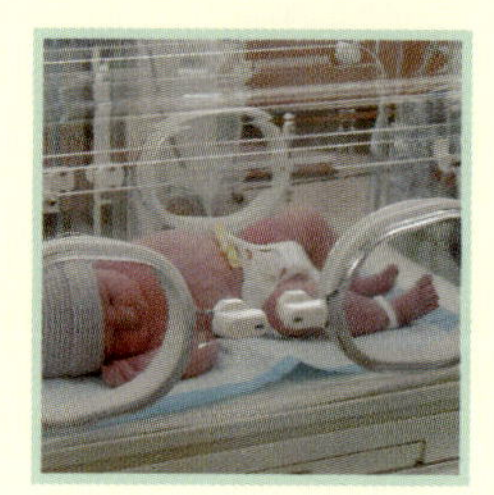

뱃속에서 열 달을 채우지 못하고 7개월 만에 나오는 조산아들은 태어나자마자 인큐베이터 신세를 져야 한다.

해마다 태어나는 신생아 50만 명 중에서 조산아의 수는 10% 정도에 해당되는 4만~5만 명. 가능하다면 이들에겐 아기 열매 나무처럼 어머니의 자궁을 대신할 인공 자궁이 필요하다.

영국의 소설가 올더스 헉슬리는 1932년 발간된 그의 소설 《멋진 신세계》에서 이미 인공 자궁을 예언한 바 있다. 그 후 줄곧 상상의 영역에만 머물러 왔던 인공 자궁은 1990년 일본 동경대학교 교수로 있던 요시노리 쿠와바라 박사에 의해 최초로 실현되었다.

그가 만든 인공 자궁은 아미노산 성분의 인공 양수가 가득 찬 사과

상자 크기의 투명한 플라스틱 통이었다. 바로 그 플라스틱 통 안에서 배꼽에 2개의 호스를 꽂은 염소의 태아가, 인공 혈액을 통해 산소와 영양분을 공급받으면서 무려 3주 동안이나 성장했다고 한다.

그 후 2002년 미국 코넬대학교 홍칭류 박사는 자궁 내막에서 채취한 세포를 증식시키는 방법으로 시험관에서 인간의 수정란을 착상시키고 성장시키는 데 성공했다.

더욱 놀라운 것은 2004년 9월 우리나라에서도 인공 자궁을 성공적으로 만든 예가 있다는 것이다. 조선대학교의 송창훈 교수와 서울대학교의 이국현 교수가 그 주인공. 두 교수는 흑염소를 인공 자궁에서

키우는 실험을 시도했다. 보통 흑염소는 150일 동안 어미 뱃속에 있어야 건강하게 태어날 수 있다. 그런 흑염소를 120~130일 사이에 미리 어미 배에서 꺼낸 후 인공 자궁에 넣었다.

인공 자궁은 어미 양수와 성분과 온도가 유사한 인공 양수로 채웠고, 흑염소 탯줄에 인공 자궁의 체외 순환 회로를 연결해 산소와 영양분을 공급했다. 놀랍게도 흑염소 태아는 그 인공 자궁 안에서 48시간이나 생존했다.

아직 기술적인 문제가 많이 남아 있지만, 원리적으로는 인간의 자궁이 아닌 외부 환경에서 아기를 키울 수 있다는 것이 증명된 셈이다. 이 분야 전문가들에 의하면 이러한 인공 자궁은 10년 정도면 사람에게 적용될 수 있을 정도로 발전할 것이라고 예상한다.

인공 자궁에 대한 연구가 이 정도이니 생명 공학의 힘을 빌려 인간의 자궁 내막 세포를 사과나 배, 복숭아와 같은 열매에서 증식시킬 수만 있다면, 나무에서 아기를 키우는 것도 가능하지 않을까?

그렇다고 아기 열매 나무가 사과나무나 복숭아나무처럼 스스로 열매를 맺는 것은 아니다. 단지 아기 열매 나무는 엄마의 난자와 아빠의 정자를 수정시킨 수정란을 받아, 10개월 동안 태아를 키워 주는 역할을 할 뿐이다. 이러한 아기 열매 나무는 유전 공학의 힘이 탄생시킨 일종의 인공 자궁인 셈이다.

아기 열매 나무가 여성을 자유롭게 만든다!

아기가 잉태되고 태어나는 것은 한 인간의 삶에서 아주 특별하고 중대한 사건이다. 엄마 뱃속에서 아기를 10개월간 키우지 않더라도 아기를 낳을 수 있다면 세상은 어떻게 바뀔까? 누구보다도 아이를 낳는 여성에게 큰 변화가 생기지 않을까?

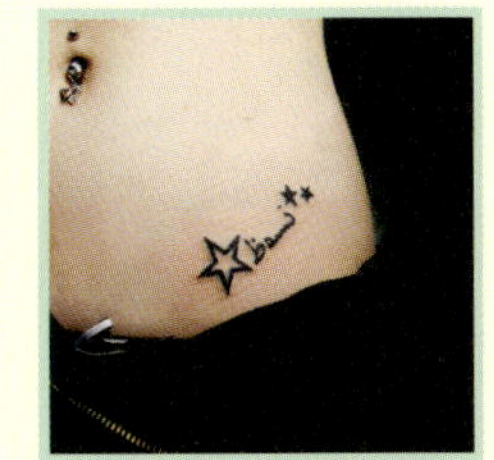

우선 신체적으로 여성의 체격이 점차 남성과 엇비슷해질지도 모르겠다. 여성의 신체 구조는 많은 부분 아이를 임신하기에 적당한 구조로 진화해 왔다. 아기가 편안하게 자리를 잡을 수 있도록 골반은 넓어졌고, 아기를 품고 있을 자궁은 최대 1,000배나 늘어날 수 있도록 유연해졌다.

하지만 더 이상 아기를 뱃속에서 키우지 않아도 되는 시대에도 여전히 여성의 큰 골반과 자궁이 필요할까? 진화론적으로 본다면 인간에게 꼬리가 쓸모없는 거추장스러운 존재가 되면서 점점 퇴화했듯이, 아기를 뱃속에 품고 있을 필요가 없는 세상에선 자궁이 점차 퇴화될 것이다. 아기가 엄마의 뱃속에서 태어났다는 사실을 고대 문서에서나 찾을 수 있는 때가 되면 그렇게 될지도 모른다.

사회적으로는 많은 부분에서 여성과 남성의 차별이 사라질 것이 틀림없다. 10개월의 길고 힘든 임신 과정을 이제 아기 열매 나무가 맡

게 되었으니 더 이상 여성들은 출산 휴가를 받느라 직장에서 눈치를 볼 필요가 없다. 일 때문에 아이 낳기를 미루거나 포기하는 일도 이젠 없다. 여성들은 자신의 일을 열심히 하면서 아이의 탄생을 기다리는 세상이 온 것이다.

요즘에는 남성들도 아내와 함께 가사를 돌보고 있지만, 출산과 아이 양육만큼은 여전히 여성만의 의무로 남아 있다. 하지만 아기 나무가 여성만의 몫이었던 출산을 대신하게 된다면, 부부가 함께 아기 열매를 가꾸어 가면서 똑같이 사랑을 키우며 아기를 낳게 될 것이다. 그때가 되면 부부가 함께 아기를 낳았으니 아이를 키우는 일도 동등하게 해야 한다는 생각이 더욱 자연스러워지지 않을까?

다시 돌아가고 싶은 그곳

아기가 엄마 뱃속에서 나오지 않고 나무에서 열린다면 어쩔 수 없이 포기해야 할 것들도 있겠지만, 아기를 임신하지 않고도 낳을 수 있다는 것은 매력적인 기술임에 틀림없다. 아기 열매 나무와 같은 인공 자궁이 개발된다면 이는 아마도 여성의 자유와 삶의 질을 한층 더 높이는 혁명적 사건이 될 것이기 때문이다. 하지만 임신과 출산이 단순한 아기 생산 이상의 의미를 갖는, 아기와 엄마의 관계 맺기라는 것을 기억해야 한다.

우리 선조들이 즐겨 보던 《태교신기》라는 책의 첫 장에는 다음과 같은 구절이 있다.

"스승이 10년을 잘 가르쳐도 어미가 열 달을 뱃속에서 잘 가르침만 못하다."

이는 태아와 산모간의 관계의 중요성을 강조하는 '우리 선조들의 지혜'가 담긴 말이다.

아기는 엄마의 뱃속에 자리를 잡는 순간부터 엄마를 통해 세상을 경험한다. 태아는 산모의 행동과 마음가짐 하나하나에 민감하게 반응하고 그 영향을 받아 자라난다. 특히 임신 4개월째에 접어든 태아에게는 뇌의 기억 장치인 해마가 만들어진다.

이때부터 엄마와 관계된 모든 느낌을 공유하게 된다. 유전 공학의 힘으로 엄마 뱃속을 대신할 아기 나무가 생겨날지라도, 부모가 몸속에서 자라고 있는 아기에게 쏟는 직접적인 사랑과 관심을 대신할 수는 없을 것이다.

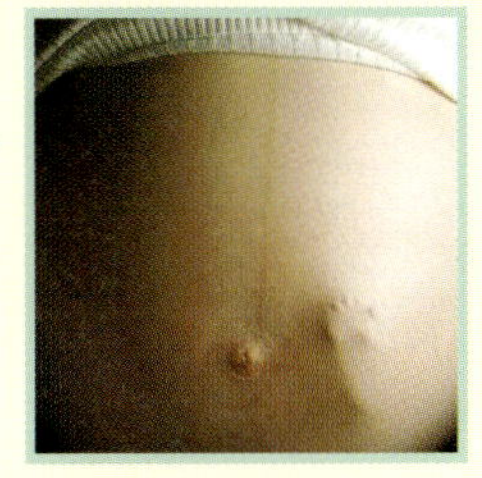

지하철마저 끊긴 깊은 밤, 부인과 뱃속의 아기를 위해 철 지난 과일을 찾아 24시간 영업을 하는 대형 할인 마트를 휘젓고 다니는 아빠의 사랑을 대신해 줄 나무는 기대할 수 없다. 엄마의 자궁은 단순히 생명을 잉태해 내는 구조물이 아

니다. 부모에게서 한없이 쏟아지는, 세상에서 가장 진실하고 고귀한 사랑을 담아 내는 신성한 공간이며, 한 생명이 세상의 빛과 만나기 전에 은밀히 소통하는 창이다.

또한 자궁 속 태아에게 들려오는 엄마의 심장 소리는 이 세상 어느 곳에서도 다시 들을 수 없는 편안한 사랑의 연주곡이다. 그렇기에 엄마와의 육체적·정신적 소통 없이 태어난 아기 나무 출신 사람들이 살고 있는 세상은 '인공 자궁'이라는 단어만큼이나 삭막할 것이다.

타임머신이 개발되어 과거로 이동할 수 있다면, 제일 먼저 돌아가 보고 싶은 곳이 있다. 매일매일 넘치는 사랑을 먹으며 살았던 곳, 엄마의 심장 소리가 은은하게 울려 퍼지던 '세상에서 가장 편안한 그곳' 엄마의 뱃속으로 말이다.

>> 양수는 태아의 쿠션 <<

태아는 양막(세 겹으로 이루어진 난막 중 아이와 바로 닿는 안쪽의 막)이라고 하는 얇은 막에 둘러싸여 있는데, 양막 안에는 양수가 차 있다. 태아는 이 양수 속에 떠서 자란다. 양수의 성분은 임신 기간에 따라 조금씩 달라진다. 임신 7~8주 이전에는 태아 소변이 거의 없고 태아도 작기 때문에 양수는 산모의 혈청 성분과 비슷하다.

혈청은 나트륨, 염소, 요소 등으로 이루어져 있는데, 임신 7~8주부터 20주 동안 양수의 성분이 산모의 혈청보다는 태아 혈청에 더 가깝다고 볼 수 있다. 임신 20주 이후에는 양수의 나트륨과 삼투압이 줄어든다. 대신 소변에 많이 존재하는 요소와 크레아티닌 등의 성분이 많아지는데, 이는 태아의 소변이 양수의 주된 성분으로 변한다는 사실을 보여 주는 셈이다.

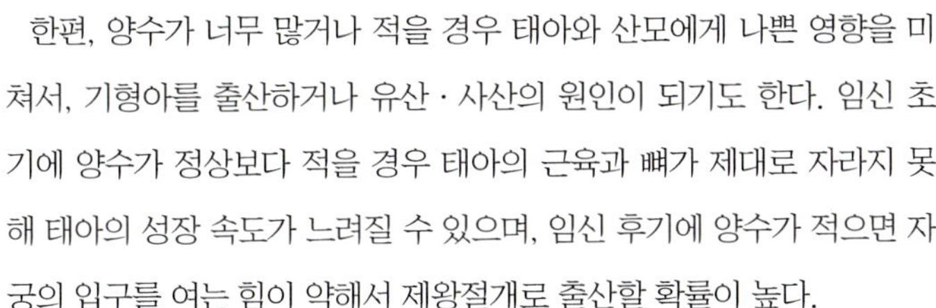

양수는 완충 작용을 하여 태아를 외부의 충격으로부터 보호하는 쿠션 역할을 한다. 또한 세균 감염을 막을 뿐만 아니라 태아의 체온 조절을 돕고, 분만할 때에는 자궁의 입구를 여는 힘으로 작용한다.

한편, 양수가 너무 많거나 적을 경우 태아와 산모에게 나쁜 영향을 미쳐서, 기형아를 출산하거나 유산·사산의 원인이 되기도 한다. 임신 초기에 양수가 정상보다 적을 경우 태아의 근육과 뼈가 제대로 자라지 못해 태아의 성장 속도가 느려질 수 있으며, 임신 후기에 양수가 적으면 자궁의 입구를 여는 힘이 약해서 제왕절개로 출산할 확률이 높다.

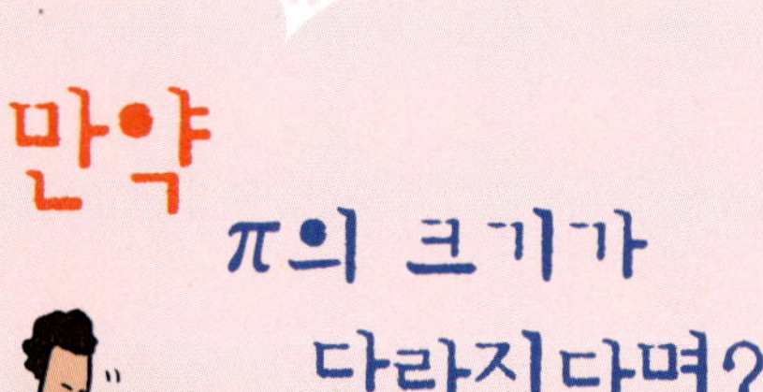

"네 이놈! 내 원 안에서 물러서지 못할까!"
수학자는 로마군이 자신이 땅바닥에 그린 원을 짓밟자 이렇게 소리쳤다.
그러자 격분한 로마군은 칼을 빼들어 수학자의 몸에 내리꽂았다.
그 후 살인자의 이름은 이내 잊혀졌다. 그러나 수학자의 이름은
오랫동안 다음 세대에 전해졌다. 그의 이름은 아르키메데스였다.

―플루타르코스, 고대 그리스 역사가

초코파이, 피자, 프라이팬, 자전거 바퀴, 축구공, 눈동자, 콧구멍. 이들의 공통점은 무엇일까? 정답은 '동그랗다'. 그래서 이들은 모두 '파이(π)'를 가지고 있다. 원의 둘레와 지름의 비를 나타내는 숫자인 '파이(π)', 그래서 원주율이라고도 불리는 이 숫자는 세상의 모든 곧은 것을 동그랗게 휘게 할 때 반드시 따라야 할 절대 불변의 규칙이다.

못 믿겠다면, 주위에 널린 동그라미들 중에서 아무것이나 하나를 잡고 줄자로 원둘레와 지름을 측정한 다음, 둘레를 지름으로 나누어 보시라. 그러면 3.14159265358979……처럼 끝도 없이 계속되는 '신비의 숫자'를 만나게 될 것이니.

파이는 우리 삶의 곳곳에 사용된다. 접시나 야구공, 지구본, 자동차 바퀴처럼 동그란 물체를 만드는 공장에서는 재료의 양을 결정하고 동그란 모양을 만들기 위해 주형을 제작할 때 파이 값을 반드시 알아야 한다. 음료수 회사에서는 캔 속에 들어 있는 음료수의 양을 측정할 때도 파이를 사용한다. 자동차의 속력이나 주행 거리를 알려 주는 계기판에서도 파이 값을 계산하는 것은 필수이다.

컴퓨터에서도 파이는 매우 중요하다. 컴퓨터를 실행하기 전에 이 컴퓨터가 제대로 작동하는지 알아보기 위해 간단한 테스트를 거치는데, 그 방법 중 하나가 파이 값을 소수점 10만 자리까지 계산하도록

하는 것이다. 이 숫자들이 일치한다면 이 컴퓨터는 수백만 가지의 계산 과정을 오차 없이 수행할 것이라 믿을 수 있다.

얼마면 돼, 얼마면 되는 거야?

그런데 놀라운 것은 아직 아무도 이 숫자를 정확하게 계산한 예가 없다는 사실이다. 지금까지 소수점 1조 자리 이하까지 계산해 보았지만 아직 그 끝을 보지 못했다. 그렇다고 숫자들의 배열이 규칙적인 것도 아니다.

파이는 소수점 아래로 숫자가 끝없이 이어지는 무리수라서, 도대체 정확한 값이 얼마인지, 혹은 언젠가 끝나기는 하는지 아직 아무도 모른다. 그 누구도 정확한 값을 모르는데, 도대체 어떻게 생활에 활용한단 말일까?

옛날 로마 시대에는 수학자 아르키메데스가 알아낸 3+1/8(=3.125)을 파이 값으로 사용했다. 아르키메데스도 3+1/7(=3.1429)가 3+1/8보다 파이 값에 더 가깝다는 사실을 알고 있었지만, 1/7보다 1/8이 훨씬 사용하기 쉽기 때문에 이 값을 사용했다. (1/8은 1의 반의 반의 반으로 계산하면 되기 때문에 1/7보다 쉽게 얻을 수 있다.) 21세기 현대 사회에서도 파이 값은 그저 3.14로만 계산한다. 초등학교 수학 교과서에도 끝없이 이어지는 파이 값 대신 3.14를 곱해 원 넓이를 계산한다.

1998년 미국의 한 과학 잡지는 미국 앨라배마 주에서 법으로 파이 값을 3.14가 아닌 3으로 계산하도록 조례로 정했다는 발표를 한 적이 있어 논란이 되기도 했다. 그런데 얼마 후 이것은 만우절 농담으로 밝혀져 과학자들 사이에서 오랫동안 이야깃거리가 되었다.

실생활은 물론 물리학이나 공학 계산에서 소수점 7자리 이하는 필요하지 않는 경우가 대부분이어서 이런 근사값 사용이 가능하다. 정확하지 않은 값을 사용했음에도 불구하고, 로마 인들

이 정교한 콜로세움이나 트레비 분수 같은 위대한 건축물들을 남겼다는 사실이 그저 놀라울 따름이다. 그런데 더욱 놀라운 것은 사람들이 이룩한 모든 문명의 산물들이 이처럼 실제 파이 값과는 조금 다른 값들을 사용해 만들어졌다는 사실이다. 결국 사람들이 만든 세상의 모든 원과 구에 실제 '파이'는 없었던 것이다.

무리수라 행복해요

파이에 매료된 사람들은 매년 3월 14일을 파이데이(π day)로 정하고 다양한 행사를 갖는다. 3.141592에서 착안해, 3월 14일 1시 59분에 파티를 열고, 파이(π) 문양으로 장식한 파이(pie)를 먹고 피나콜라다(pina colada)라는 칵테일을 마시며 누가 파이의 소수점 이하 자리수를 더 많이 외우는지 시합을 한다. 그들은 그야말로 파이 자체를 즐기고 있는 것이다.

TV나 뉴스에 등장하는 기인들 가운데 심심치 않게 파이를 외우는 사람들이 있다. 1995년 2월, 20대 초반의 젊은이 히로유키 고토는 무려 42,000자리의 파이 값을 외웠다.

모두 암송하는 데 걸린 시간만도 무려 9시간. 아마도 그가 이것을 모두 외우기 위해 노력한 시간은 그 수백 배에 달하리라. 인간은 항상 자신의 한계를 시험해 보고 불가능한 일에 도전하는 존재라 하지 않았던가!

그렇다면 히로유키가 외운 무려 42,000자리의 파이 값은 어떻게 계산했을까? 파이의 계산은 컴퓨터의 발전과 함께 점점 정밀해져 왔다. 대륙간 탄도 미사일의 정확한 궤도 계산을 위해 만들어진 세계 최초의 컴퓨터 애니악(ENIAC)은 2,037자리의 파이 값을 계산해 냈다. 그 후 컴퓨터의 계산 속도가 기하급수적으로 빨라지면서 파이의 값도 늘어났다.

컴퓨터 공학자 데이비드와 그레고리 처드노프스키 형제는 파이 값을 계산하기 위해 자신의 아파트에다 슈퍼컴퓨터를 직접 만들었다. 그 컴퓨터의 크기는 집 안을 가득 채울 정도로 커서 방 이곳 저곳으로 복잡한 전선이 지나다니고, 집 안은 기계가 뿜어내는 열로 32℃ 이상 후끈 달아올랐다. 에어컨을 하루 종일 가동하고 있는데도 말이다. 이들이 계산한 파이 값은 무려 80억 자리.

그러나 이것도 아직 충분하지 않다. 지금까지 계산된 파이의 가장 근사한 값은 1조 2,411억 자리. 이 값은 일본 동경대학교의 야쓰마사 카나다가 히다치 SR8000/MPP라는 컴퓨터로 계산한 것으로서 2004년 기네스북에 올랐다.

이쯤에서 문제 하나를 풀어 보자. 1, 3, 5, 7. 이 다음에는 어떤 숫자가 나올까? 아마도 자신 있게 9라고 대답할 것이다. 이 수열에서

는 앞의 숫자에 2를 더해 나가는 규칙을 발견할 수 있다.

자, 그렇다면 3, 1, 4, 1, 5, 9, 2. 다음에는 어떤 숫자가 나올까? 수학자들이 더 정확한 파이 값 계산에 몰두하는 것은 바로 이러한 질문에 답을 하기 위해서이다. 자연에 법칙이 숨어 있다고 생각하고, 또 그 법칙을 찾아내는 것. 그것이 과학자들이 하고 있는 일이기 때문이다.

파이의 계산도 마찬가지이다. 우리가 알고 있는 3.141592……라는 값은 우리가 사는 세상의 파이 값도 아니며, 오히려 우리의 사고가 만들어 낸 세상에서의 파이 값이다. 그렇다면 왜 파이의 더 정확한 값을 계산하려고 노력할까?

파이에 어떤 규칙이 숨어 있는지는 아직 발견되지 않았지만, 어딘가 존재할지도 모를 그 패턴을 발견하기 위해 수학자들은 지금도 파이 값을 계산한다. 어쩌면 지금까지 발견된 조 단위 자릿수의 파이 값보다 훨씬 더 많은 수를 구해도 그 실마리조차 잡을 수 없을지 모르지만.

해 보기 전에는 모를 일이다. 그래서 컴퓨터 공학자 데이비드 처드노프스키는 이렇게 말했다. "파이에 대한 탐험은 우주를 탐험하는 것과 같다." 그리고 수학자 만트라니크 바스만 역시 비슷한 말을 남겼다. "파이는 단순히 숫자를 불규칙하게 모아 놓은 것이 아니다. 파이는 하나의 여행이며 경험이다.

파이 안에 있는 자연의 시를 보려 하지 않는다면 기억하기 쉽지 않다
는 것을 알게 될 것이다."

파이를 정확히 계산하기 위해 열정을 바친 수학자와 컴퓨터 공학자
들, 그리고 그 값을 암기하기 위해 노력하는 사람들은 아마도 바스만의
말처럼 '파이를 통해 자연에 대한 경이로운 체험'을 만끽했을 것이다.

만약 파이가 2로 바뀐다면?

절대 불변의 상수 파이, 이 우주 안에 파이 값이 2인 세상이 존재할까? 그 곳에선 원이 어떻게 생겼으며 세상은 또 어떤 모습일까? 그런 세상이 가능하긴 한 걸까?

파이가 3.14159265358979……가 아닌, 엉뚱한 숫자인 세상을 상상해 보는 것은 쉬운 일이 아니다. 하지만 의외로 해답은 가까운 곳에 있다. 머릿속에 지구본과 끈 하나를 준비해 보자. 원이란 한 점을 중심으로 같은 거리에 있는 점들의 집합이며, 원주율이란 원을 가로지르는 지름에 대한 원둘레의 비율이라는 사실을 다시 한 번 상기해 보자.

만약 우리가 살고 있는 세상이 평평한 곳이 아니라 지구본 위의 곡면처럼 휘어진 공간이라면 원주율은 어떻게 될까? 지구본의 적도는 분명 둥근 표면 위에 그려진 '원'이다. 적도라는 원을 그리기 위해 우리는 컴퍼스의 한 다리를 북극에 고정시켜야 한다. 끈으로 북극에서부터 지구본의 중간인 적도까지 늘어뜨려 컴퍼스를 한 바퀴 빙 돌려 주면 적도가 그려진다. 이때 적도의 원주율은 얼마가 될까?

원주율을 계산하기 위해 원의 둘레와 반지름을 생각해 보자. 원둘레는 지구본에서 가장 배가 나온 부분인 적도이고, 반지름은 끈의 길이에 해당된다. 그런데 지구본은 둥글기 때문에 남극과 북극을 거쳐 지구본을 위아래로 감은 길이는 지구본을 옆으로 감는 적도의 둘레와 같다.

결국 끈의 길이인 반지름은 적도라는 원 둘레의 1/4이라는 이야기다. 곧 파이 값은 정확히 2가 된다. 지구라는 휘어진 공간 위에서 원주율은 3.141592……가 아닌 2가 되는 것이다.

그러니 공처럼 볼록한 곡면에서는 파이 값이 3.141592……보다 작은 값이 된다. 곡면 위에서 얼마나 큰 원을 그리는지에 따라 파이 값은 끝없이 작아져 0이 되기도 하는데, 예를 들어 북극을 중심으로 남극 근처에 손바닥만 한 원을 그린다면 이 원의 원주율은 매우 작은 값이 될 것이다.

이처럼 파이는 절대 불변의 상수가 아니라 우리가 살고 있는 세상

의 휘어진 정도에 따라 변할 수 있는 변수가 된다. 3.141592……라는 무리수는 여러 가지 원주율들 중에 유클리드의 기하학이 성립하는 세상에서만 가능한 파이일 뿐이다. 더불어 세상엔 '완벽한 평면'이란 존재하지도 않으니 사실 3.141592……는 현실에서 이루어질 수 없는 '파이의 이상형'이라 해도 과언이 아니다.

지구본의 곡면은 2차원이지만 우리가 살고 있는 세상은 3차원이다. 그렇다면 3차원 세상이 휘어 있다면 어떤 모습일까? 우리는 세상이 휘었는지 평평한지 어떻게 알 수 있을까?

3차원 공간에 살고 있는 우리가 휘어진 3차원을 상상하기란 쉽지 않다. 다만 그것을 간접적으로나마 관찰할 수 있는 있을 것이다. 무엇을 이용해서? 바로 '빛'이다. 빛은 항상 직진을 한다. 어떠한 상황에서도 가장 빠른 길을 따라 진행하는 빛의 평평한 공간을 달릴 때에는 곧게 직진하게, 휘어진 공간에서는 곡면을 따라 휘어진 길을 달린다. 휘어진 공간에서 휘어진 곡면을 따라 진행하는 것이 직진이다.

그래서 빛의 경로를 관찰하면 공간의 휘어진 정도를 측정할 수 있다. 만약 파이가 2인 세상이 있다면 그곳에서 빛이 똑바로 진행하지 않고 휘어진 공간의 곡면을 따라 휘어서 진행할 것이다.

단 한 번도 의심하지 않았던 숫자, 파이

수학자 피터 보와인은 파이를 정확하게 계산하는 것은 고대 수학에서 시작하여 현대 수학에 이르기까지 진지하고도 지속적인 흥미를 불러일으킨 사실상 유일한 논제라고 평가했다. 이제 수학자는 파이를 소수점 1조 자리 이하도 정확하게 알아맞힐 정도로 정교한 연구를 하고 있다.

기하학이란 우리가 세상을 바라보는 틀이다. 자연과 세상을 좀 더 일관적으로 이해하고 기술하기 위해 사람들은 기하학이란 안경을 통해 세상을 들여다본다. 우리가 바라보고 있는 유클리드 기하학이란 안경은 '파이는 3.141592……라고, 그 끝을 알 수 없는 신비한 수라고' 일러준다. 유클리드 기하학이라는 안경 너머에 존재하는 '인간들의 우주'는 놀랍도록 아름답고 정교한 세상이면서 동시에 무리수 파이를 1조 자리나 계산할 수 있는 컴퓨터 세상이다.

우리는 왜 원주율이 3.14라는 숫자를 갖게 되었는지 한 번도 의문을 품어 본 적이 없을까? 그러나 우리의 상상력 속에서는 세상의 어떤 상수도 변수가 될 수 있다. 아주 가끔은 파이가 2.141592밖에 안 되는 세상도 상상해 보자. 우리의 상상력이 3.141592……라는 숫자에 갇힐 필요는 없으니까.

단 한 번도 의심받은 적 없는 숫자, 파이. 그 파이를 의심하기 시작하는 순간, 우리는 이상한 나라의 엘리스처럼 빛이 엉뚱한 방향으로 진행하고 구석구석이 달팽이 껍질처럼 휘어진 세상으로 들어서게 된다. 아마도 그 세상의 어느 구석에서도 제2의 아르키메데스가 흙바닥에 원을 그리고 지구에서처럼 원주율 계산을 하고 있을 것이다.

》 파이의 역사 《

파이는 이미 오래전부터 사람들의 화젯거리였다. 기원전 1650년경 이집트의 아메스가 쓴 《린드 파피루스》에는 지름이 9인 원 모양의 밭 넓이가, 한 변의 길이가 8인 정사각형 밭의 넓이와 같다고 풀이하고 있다. 당시엔 파이를 3.16049……라는 값으로 간주했던 것이다.

성경에서도 파이에 관한 기록을 찾을 수 있다. 구약 〈열왕기〉 상 7장 23절에 따르면, 모양이 둥근 것의 직경은 10규빗(규빗이란 라틴 어 '큐비툼'에서 유래한 단위로, 팔꿈치에서 가운뎃손가락까지의 길이를 뜻한다. 약 45cm.) 주위는 30규빗이라고 쓰고 있다. 곧 파이를 3으로 계산했다는 얘기다.

이처럼 파이는 오래전부터 토지의 측량이나 건물을 만드는 데 사용돼 왔다. 특히 그리스 인들은 원을 정사각형으로 만드는 방법을 구하기 위해 노력했다. 그들은 원의 넓이와 둘레를 구하는 고전적인 방법을 고안해 냈는데, 원에 내접하는 다각형을 이용하는 방법이었다. 사각형보다는 오각형이, 오각형보다는 육각형이 원의 넓이에 훨씬 가깝다는 사실을 이용하면, 원에 내접하는 다각형 변의 수가 많아질수록 그 값은 파이에 가까워지게 된다. 아르키메데스는 무려 96각형을 만들어 그 둘레의 값으로 파이의 근사값을 얻기도 했다.

고대 그리스 시대 이후로도 수학자들은 원 둘레를 계산하기 위해 여러 가지 방법과 공식을 만들었다. 하지만 아직까지 파이 값을 정확하게 구하지는 못했다. 그 때문에 많은 사람들이 지금도 파이에 매력을 느끼며 그 값을 계산하는 데 꾸준한 관심을 보내는 것이리라.

만약 등호를 발견하지 못했다면?

상상력은 예술가가 남긴 흔적 너머로 아름다운 대상을 재구성하도록 한다.

—장 폴 사르트르, 프랑스 작가·철학자

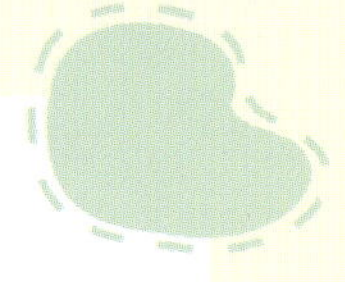

딸기가 13개 있었는데 엄마가 5개를 드셨다. 그럼 몇 개가 남았을까? 어떤 수에 여덟을 더하면 아홉이 된다. 그 수는 무엇일까? 이 문장들을 수식으로 표현하면 '$13-5=x$', '$x+8=9$'와 같이 간단히 나타낼 수 있다. 복잡한 상황을 수학 기호를 이용해 얼마나 간결  명료하게 나타낼 수 있는지 보여 주는 간단한 예이다. 특히 등호는 어떠한 문제에 대한 최종 결론, 즉 명쾌한 답이 나왔음을 보여 주는 기호로서 모든 수식에서 빠져서는 안 될 요소다.

너무 중요하지만 너무 자주 등장하다 보니 종종 그 가치를 잊어버리게 되는 등호. 하는 일에 비해 알아주는 사람이 너무 적어 늘 서운해 하던 등호! 어느 날 홀연히 등호가 흔적도 없이 사라져 버렸다. 등호가 사라진 세상에는 과연 어떤 변화가 찾아올까?

앗, 등호가 사라졌다!

오늘은 등식이가 화성에 있는 학교로 전학 가는 날. 아침 일찍 학교에 도착하니 교실이 소란스럽다. 무슨 재미있는 일이라도 있는 걸까? 아, 지구에서 수학 천재가 전학 온다는 소문이 벌써 학생들 사이에 퍼진 모양이군. 아니나 다를까, 교실 문을 열고 들어서는데 아이

들의 시선이 등식이에게로 확 쏠린다.

"얘! 너, 수학 선생님이 교무실로 오라셔."

"왜?"

등식이는 대답을 예상하면서도 짐짓 모르는 척 물었다. 엊그제 치른 반 편성 고사를 너무 잘 봤나?

"너, 수학 점수가 빵점이라던데?"

"……뭐??!!!"

한 학생이 건네준 성적표에는 정말로 수학이 0점으로 적혀 있었다. 뭔가 착오가 생긴 게 틀림없어! 등식이는 당장 교무실로 수학 선생님을 찾아갔다.

"선생님, 제 수학 점수가 빵점이라고요?"

마침 선생님은 시험지 한 장을 앞에 두고 골똘히 생각에 잠겨 계셨다.

"아, 네가 등식이구나? 여기 앉아라. 안 그래도 네 답안지를 보고 있던 중이다. 대체 이 기호들은 다 뭐냐?"

선생님은 등호 표시 '='를 가리키며 물으셨다.

"네? 1에 2를 더하면 3과 같다는 뜻인데요?"

"이 나란한 선 2개가 그런 뜻이라는 거니?"

"네."

선생님은 잠시 말씀이 없으셨다.

"……."

"어디서 몹쓸 것을 배웠구나."

"네?"

뭔가 이상하다. 등호는 초등학교에 들어가자마자 배운, 그러니까
우리에게 가장 익숙한 수학 기호인데, 수학 선생님께서 내게 등호가
뭔지 물어보시다니!

"등식아, 문제를 보렴. 이 문제에 무엇이 그려져 있니?"

"귤 모양의 과일이 하나, 수박 모양의 과일이 2개예요."

"그런데 왜 이런 식을 썼지?"

"귤 1개와 수박 둘을 더하면 모두 셋이잖아요. 뭐 잘못된 거라도 있나요?"

선생님은 등식이를 잠시 바라보더니 책상 서랍 속으로 손을 뻗어 무언가를 꺼내셨다. 비스킷 세 조각이었다. 선생님은 책상 위에 비스킷 한 조각을 올려놓으며 물으셨다.

"이게 몇 개니?"

"하나요."

"그러면 여기에 두 조각을 더해 보자. 그러면 몇 개니?"

"3개요."

"이래도?"

선생님은 비스킷 세 조각을 손에 쥐고는 완전히 가루로 만들어 버리셨다.

"……!!"

"이래도 3개냐?"

순간 등식이는 할 말을 잃었다. 선생님은 그제야 회심의 미소를 지으며 한 말씀 하셨다.

"잘 봐라, 등식아. 하나에 둘을 더했을 때 셋이 된다는 건 바른 표현이 아니야. 지구인들이 쓴 등호는 나쁜 거란다."

"나쁜 거라니요!!"

"등식아! 원래 지구에서 3은 'three'라고도 하지? Three는 라틴 어 접두사 trans에서 유래한 것인데, trans는 'beyond'를 의미한단다. 즉 무언가를 넘어선다는 의미이지. 지구의 '이탈리아'라는 나라에선 3을 'troppo'라고 부르는데 이것 역시 '너무 많다'라는 의미란다. 다시 말해 아주 오래전에는 지구에 셋보다 큰 숫자가 없었다는 얘기지. '하나', '둘', 그리고 '많다' 이것이 숫자의 전부였던 거야. 그런데 그들은 더 나아가고 말았어! 너무 많이 나아갔지! 셋, 넷, 다섯, 여섯, 일곱, 여덟……. 너, 지구인들이 현재까지 발견한 가장 큰 숫자가 뭔지 알고 있니?"

"글쎄, 조인가, 경인가? 그렇게 들은 것 같은데……."

"허허, 그것보다도 더 큰 숫자가 있어. 듣자하니 '무한대'라는 이름의 숫자라고 하더구나. 그건 너무나 커서 평생 동안 세어도 다 셀 수 없는 숫자래. 지구인들은 미친 거야. 도대체 평생 세어도 못 셀 만큼 큰 숫자를 왜 만든단 말이냐? 그들은 숫자의 노예야."

"숫자의 노예요? 정말 그 3개의 숫자로도 수학이 되나요?"

"물론이다. 지구에서 얻은 선입관을 버려야 해. 지구 문화는 이 우주에서도 아주 특별한 부류에 속한단다. 그들은 숫자를 숭배하는 유일한 공동체라고나 할까? 지구인들이 만든 화려한 문명은 숫자가 없이 단 하루도, 아니 1시간도 버티지 못할 거다. 그들은 그것을 유지하기 위해 숫자로 온갖 묘기를 다 부리고 있지. 그들은 자신들이 숫

자를 활용하고 있다고 믿겠지만, 실제로는 그들이 숫자의 노예란다. 자신들이 만든 수학 법칙을 너무 맹신하고 있지. '1+2=3'이라는 식으로 말이다. 하지만 네가 보았듯이 하나에 둘을 더한 것이 꼭 셋은 아니란다."

"흐음, 무슨 말씀이신지 알 것 같기도 해요. 하지만 그러면 등호는 왜 쓰면 안 되죠?"

"아하, 좋은 질문이다. 등호 역시 지구인들의 발명품이지. 지구인들은 자신들이 만들어 낸 수학 체계를 좀 더 능률적으로 만들기 위해 그런 기호를 발명해 냈어. 그리고 모든 계산은 그 기호를 사용해서 한단다. 물론 등호가 약간은 편리할지도 모르겠지만, 사실 그건 아주 비인격적인 도구야. 일단 등호를 사용하기 시작하면 사람들은 온통 사물의 '개수'에만 관심을 갖게 되지. 예를 들어 귤 2개에 수박 하나를 더했다고 하자. 아니면 아이가 2명 있는 집에서 1명이 더 태어났다고 생각해 봐. 또 찰흙 한 덩이에 찰흙 두 덩이를 합한다면? 이것은 등호를 사용하면 단 하나의 식으로 표현되겠지만 실제로 우리에겐 모두 다른 의미로 다가온단다. 그래서 이곳 화성 사람들은 사물의 개수에만 관심을 갖지 않아. 다른 모든 특징들까지도 공평하게 생각하지. 그런데 지구인들은 그저 몇 개인지에만 관심이 있단다. 자신들이 뭘 더하는지, 뭘 빼는지엔 아무런 관심이 없어!"

등식이는 멍한 표정으로 교무실을 나왔다. 그냥 지구에서 계속 살 걸 그랬다. 이곳에선 전혀 다른 수학을 하고 있었던 것이다.

새로운 행성의 새로운 수학

마침 자리로 돌아오니 반장이 새 교과서를 나눠 주었다. 등식이는 수학책부터 집어 들어 책장을 넘겨 보았다. 곧 공부할 단원이 적힌 차례가 눈에 들어왔다.

1단원. 송아지의 다리 개수를 세어 보아요.

2단원. 얼굴에는 눈이 많을까! 코가 많을까?

3단원. 즐거운 실습! 찰흙 한 덩이에 두 덩이를 합쳐 보아요.

4단원. 심화 학습! 셋보다 큰 숫자를 상상할 수 있나요?

한숨이 절로 나왔다. 3차 방정식 풀기와 인수분해가 취미였던 날더러 뭐? 송아지의 다리 개수를 세어 보라고? 수학책을 계속 살펴봤지만 x, y나 등호, 방정식의 기호 따위는 눈에 띄지 않았다. 모든 내용은 철저하게 실생활 위주였다. 모범 답안에도 식은 하나도 없고 문장만 가득했다. 흥! 이게 무슨 수학책이야 !

가까스로 심호흡을 하며 앉아 있는데 수학 선생님이 교실로 들어오셨다. 선생님은 곧바로 칠판에 무언가를 적으셨다.

오늘의 토론 주제 : 자 하나에 메기 2마리를 더한 것은 붓 한 자루에 산호초 두 덩이를 더한 것과 같을까?

설상가상이군. 문장으로 씌어진 수학책에 토론식 수업까지, 국어라면 넌덜머리를 냈던 등식이기에 이제 슬슬 현기증이 나기 시작했다. 그런데 다른 아이들은 신이 났다. 저런 가당치도 않은 주제를 놓고 어쩌면 그리도 의견이 다양한지.

대체로 의견들은 두 부류로 나누어졌다. 하나는 자와 붓은 같은 필

기구이므로 같은 방식으로 셀 수 있고, 메기와 산호초는 둘 다 물에서 사니까 역시 같이 셀 수 있다는 의견이었다. 하지만 붓에 달린 털과 메기의 수염이 비슷하고 자와 산호초는 둘 다 딱딱하다는 공통점을 가진다며 반론을 펴는 학생들도 있었다.

그러자 선생님은 숫자가 좀 더 큰 다른 주제를 제시하셨다.

"고릴라 2마리에 고릴라 3마리를 더한 것이 고릴라 3마리에 고릴라 2마리를 더한 것과 같을까요?"

이에 대해서는 대부분이 같다고 대답했다. 간혹 고릴라의 나이나 성별, 종(種)을 따져 봐야 한다는 입장도 있었지만 말이다.

어느 쪽이나 등식이에게는 만족스럽지 않은 답변이었다. "2+3=3+2=5"라고 말하고 싶은 것을 꾹 참는 수밖엔 없었다. 여긴 화성이다! 수학 시간이라고 해도 대상의 개수뿐 아니라 다른 특징들까지 공평하게 고려의 대상이 되는 것이다. 더구나 등호 같은 것은 쓸 수도 없다!

수학에서 등호란 '같다'라는 개념을 표기한 것뿐이다. 등호가 없는 세상에선 같다는 개념 자체가 없다. 세상의 어떤 것도 같을 수 없기 때문이다. 오늘의 나는 내일의 나와 다르고, 고릴라 다리 4개는 호랑이 다리 4개와 다르다. 양변이 같다고 등호를 넣으려는 순간 양변이 같지 않게 된다. 세상의 모든 것은 고정되어 있지 않으며 세상에 같은 것은 아무것도 없다.

그렇기 때문에 무엇을 쉽게 더할 수도 무엇을 쉽게 뺄 수도 없다. 공정한 거래란 있을 수 없다. '같다'가 없는 세상에선 물건을 교환할 순 있지만 돈을 지급하거나 공평한 맞거래란 존재하지 않는다. 그저 서로가 필요한 만큼 물건을 바꿀 수 있을 뿐이다. 비슷하다거나 공정하다거나 같은 파생 개념들도 이 세상엔 없다. 등호가 사라진 세상에선 철학도 우리와 달라진다는 것이다.

화성 소년 호식이, 등호에 관심을 보이다

그렇게 몇 달이 정신없이 흘러가고, 어느덧 기말 고사 기간이 되었다. 밤늦게까지 교실에서 공부하다가 잠깐 찬바람을 쐬러 밖으로 나왔다. 학교 담장 밑에 쪼그리고 앉아 있는데 누군가가 옆에서 음료수를 건넸다. 호식이었다.

"앗! 호식아, 고맙다."

"등식아, 너 이번 학기 끝나면 다시 지구로 돌아간다며?"

"응, 그럴 생각이야."

"왜 돌아가려고?"

"이곳에서는 내가 하고 싶은 일을 할 수가 없거든."

"아……, 언젠가 말했던 '수학자'라는 직업 말이니?"

"응……. 지구에는 수학자라는 직업이 있는데, 그 사람들은 모두 등호라는 기호를 사용하거든. 여기서는 등호를 사용하는 것이 금지되어 있잖아."

"아, 그렇구나. 안 그래도 너한테 오래전부터 묻고 싶었는데……. 그 등호라는 게 대체 어떤 거야? 그렇게 좋은 거니?"

등식이는 주변에 사람이 없는지 재빨리 살펴보았다. 다행히 아무도 없었다.

"호식아, 너 지금 하늘에 별이 몇 개인지 알아?"

"글쎄, 많은 것 같은데. 30개도 훨씬 넘겠어. 근데 그건 왜?"

"나는 별의 개수를 지금 당장 구할 수 있어."

"와……, 어떻게?"

"우선 밤하늘을 어림짐작으로 16개쯤의 구역으로 나눠서 그중 한 구역의 별의 개수를 세어 보는 거지. 그런 다음 16을 곱하면 돼."

"우아……, 그 계산은 정말 오래 걸리겠는걸?"

"아니야, 지구에서는 모든 연산이 여기에서보다 훨씬 간단해. 1분도 안 돼서 답을 구할 수 있지. 그러려면 등호를 사용해야 해."

등식이는 어둠 속에서 호식이의 눈이 반짝 빛나는 것을 보았다.

"그뿐만이 아니야. 너, 30m 높이의 건물 위에서 떨어진 야구공이 3초 동안 몇 미터나 낙하할 수 있는지 알아?"

"아니! 그런 것도 알 수 있단 말이야?"

"물론이지. 관계식이 있거든. 하지만 이것도 너에게 알려 줄 순 없어. 그 관계식을 만들려면 또 등호가 필요하거든. 그것도 여러 개가 필요해."

"아아……."

그때 교실 쪽에서 선생님이 소리를 치셨다.

"거기 있는 학생들 누구야? 어서 들어와라!"

등식이가 막 일어서려는데 호식이가 팔을 와락 붙잡았다.

"잠깐만, 등식아!!"

"······?"

"우리도 그 등호라는 걸 좀 배우고 싶어. 선생님께는 절대로 말씀 드리지 않을게. 나한테 등호에 대해서 말해 주지 않을래? 사실 네가 전학 온 이후 등호를 알고 싶어 하는 아이들이 꽤 많아졌어. 네가 가고 나면 우린 영영 등호를 배우지 못할 거야. 지구로 유학을 간다면 모를까······."

뜻밖이었다. 등호를 인정하지 않는 화성에서 등호에 관심을 보이는 학생들이 있다는 것이. 등식이는 잠시 머뭇거렸다. 그동안 등호를 썼다가 하도 혼이 나서 혹시 선생님이 듣고 있는 것은 아닌지 걱정스러웠다. 잠시 고민하던 등식이는 드디어 결심했다. 자기가 알고 있는 등호를 화성 친구 호식이에게 알려 주기로 말이다.

다시 보는 등호, 그리운 등호를 찾아서

등식이는 우선 등호가 어떻게 생겨났는지부터 호식이에게 설명하기 시작했다.

"흠······, 그래. 등호란 말이지······. 지구에 가면 영국이라는 나라가 있는데, 1557년 로버트 레코드라는 영국인이 만들었어. 그 사람은 교과서를 만드는 사람이었는데 자기가 쓴 《지혜의 숫돌》이라는 제목의 책에서 등호를 처음으로 제안했지. 그 모양은 '='로, 평행한 가로

줄 한 쌍으로 이루어져 있어. 그가 하필 이런 모양을 생각한 것은 평
행선 2개만큼 서로 똑같은 것은 없기 때문이었지."

"아……, 그래."

"우선 지구인들은 등호를 이용해서 등식을 만들어. 예를 들면 '2 더
하기 3은 5와 같다'라는 표현을 2+3=5처럼 간단히 나타내지. 그리고
x, y와 같은 기호도 자주 써. 예를 들면 '어떤 수에 3을 곱하면 다른
수가 된다'라는 표현은 $x \times 3 = y$로 나타내지. 사실 이 정도의 간단한
계산으로는 등호의 편리함이 잘 느껴지지 않을지도 몰라. 하지만 표
현이 조금만 더 복잡해져도 등식을 이용했을 때 얼마나 간단해지는지

알게 되지. 예를 들어 볼까? '어떤 수를 3번 더한 수를 다시 3번 곱한 수는 그 수를 3번 곱한 수에 27을 곱한 결과와 같다'라는 표현은 $(3x)^3 = x^3 \times 27$로 나타낼 수 있어. 무슨 얘긴지 알겠니?"

"아……, 그럼 수학 답안이 아주 짧아지겠네?"

"그렇지. 짧아질 뿐만 아니라 모든 사람이 동의할 수 있는 정확한 표현이 되는 거야. 지구상의 모든 나라들은 같은 수학적 기호들을 이용하기 때문에 서로 언어가 다르더라도 식만 보면 상대방이 어떤 수학적 아이디어를 가지고 있는지 이해할 수 있지."

"그러면 지구에서는 수학 답안지에 말을 안 써도 되는 거야?"

"그럼. 언어는 필요 없어. 자기 생각의 전개 과정을 문장으로 쓰는 대신 식으로 나열하면 되니까. 그리고 그 식의 전개 과정을 이어 주는 도구가 바로 등호인 거야."

호식이에게 등호가 무엇인지를 설명하다 보니 등식이 또한 지구에 있을 때는 별로 중요하게 생각하지 않았던 등호의 가치를 새삼스레 깨닫게 되었다. 그 등호가 없는 화성에 와서 아주 간단한 계산을 하는데도 팔이 떨어져라 긴 문장으로 풀어 써야 하는 자신이 정말 불쌍하다는 생각이 들었다.

복잡한 상황을 간단하게 보여 줄 수 있다는 것 외에도 등호의 장점은 또 있었다. 등식이는 점점 더 열을 내며 등호의 위대함을 설명해 나갔다. 등식이는 호식이에게 등호를 설명하면서 지금까지 한 번도 생각해 보지 못한 등호의 위대함을 가장 크게 배웠다.

등호의 위대함

세계에서 가장 위대한 공식은 아인슈타인의 상대성 이론 공식이라고도 불리는 $E=mc^2$이다. 초등학생들도 알고 있는 이 공식의 위대함은 무엇일까? 그것은 E나 mc^2에 있는 것이 아니라 둘 사이에 놓인 등호에 있다. 아인슈타인은 자신의 물리학적 통찰력을 통해 질량과

에너지는 같은 실체의 서로 다른 표현이며 서로 변환될 수 있다는 사실을 처음 밝혀 냈다. 이처럼 세상의 모든 공식이 위대한 것은 전혀 다를 것만 같은 호식의 양변이 등호를 통해 절묘하게 이어져 있다는 데 있다.

수학은 얼마나 위대한가! 재미없고 따분하고 어려운 수학책에 그저 등호 하나 없앤 것뿐인데, 그것만으로 세상은 갑자기 2,000년 전으로 돌아가 버린다. 어려운 개념도 사라지고, '교환'이라는 개념도 부정확해지며, 고등 수학은 꿈도 꿀 수 없다.

하지만 우리는 그곳에서 '변화'의 가치를 배운다. 등호가 사라진 세상에선 매 순간 어떤 것도 결코 같을 수 없으며, 같은 것을 찾기 위해 노력조차 하지 않는다. 끊임없이 변하는 세상을 받아들이며 사는 그들은 등호를 잃고 수학과 과학을 잃었지만 새로운 철학을 얻었다. 세상을 숫자로 바꾸고 기호로 표현하지 않고 사물 그대로를 받아들인다. 숫자에 매몰돼 모든 것을 숫자로만 환산하던 현대인들은 그동안 등호 위에 살고 있었던 것이다.

》 수학 기호의 유래 《

+ : 라틴 어의 et('~와'라는 의미)를 빨리 쓰다가 이 모양이 되었다고 한다. 1489년 독일의 비트만이라는 사람이 쓴 책에 처음으로 사용되었다.

− : 이 기호 역시 비트만의 책 속에 처음으로 등장했는데, minus(마이너스 : 빼기)의 머리글자 m의 생략 기호로 추측되고 있다. 그 외에 배를 탄 선원이 나무통에 들어 있던 물이 여기까지 줄어들었다는 표시로 해 놓았던 가로선에서부터 나왔다는 설도 있고, 상인이 상품의 겉포장의 무게를 뺄 때 −로 지시하던 것에서 유래되었다는 설도 있다.

× : 1618년 영국의 에드워드 라이트가 큰 ×를 곱셈 기호로 최초에 사용했으며, 현재 우리가 사용하는 ×는 1631년 오트레드의 《수학의 열쇠》라는 책에서 처음으로 쓰였다. 스코틀랜드 국기의 십자 모양에서 나왔다고 하는데, 독일에서는 문자 ×와 혼동될까 봐 이 기호 대신 dot(.)을 사용하기도 했다.

÷ : 1659년 스위스의 란이 최초로 사용하였다. 기원이 명확하진 않지만 10세기경부터 쓰여졌으며, 나눗셈을 분수로 표시했을 때의 모양에서 나왔다고 한다.

<, > : 1631년 영국의 해리어트가 처음 사용했다. 열려 있는 쪽이 큰 것을 뜻하는데, =와 결합해 ≤, ≥로 사용되기도 한다.

놀라운 상상
재미있는 세상

만약 배낭 로켓을 메고 하늘을 날 수 있다면?

만약 세상의 모든 전선이 없어진다면?

만약 태양이 두 개라면?

만약 세상의 모든 가로등이 사라진다면?

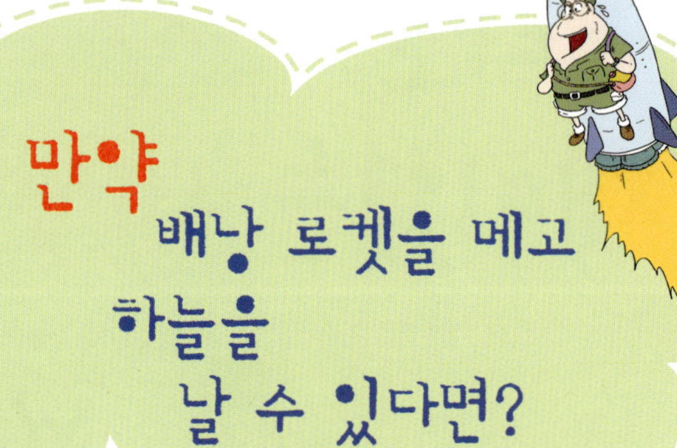

과학 기술의 발전은 미래에 대한 열린 태도와
무엇이든 가능하다는 자신감, 그리고 상상할 수 있는
모든 것은 이루어질 수 있다는 믿음에서 비롯된다.

—리처드 파인만, 미국 물리학자

고층 아파트

21층에 살고 있는 당신. 피곤한 하루 일과를 마치고 아파트 1층 로비로 들어선다. 그러나 엘리베이터 문에 무심하게 붙어 있는 청천벽력과도 같은 안내문 한 마디. '고장 수리 중'.

하루의 피곤이 갑자기 천근 무게로 밀려오면서 어깨에 힘이 쭉 빠지고 다리가 후들거린다. 왜 오늘같이 피곤한 날, 하필이면 엘리베이터는 고장이 나는 걸까? 만약 이럴 때 배낭처럼 생긴 로켓을 메고 하늘을 날 수 있다면 얼마나 좋을까? 그렇다면 기나긴 계단을 오르는 수고 없이 21층까지 단번에 날아올라가 내 방에 금방 도착할 수 있을 텐데.

라이트 형제 덕분에 비행기의 역사가 100년을 넘어선 오늘날, 비행기를 타고 하늘을 날아 본 사람은 굉장히 많다. 지난 100년 동안 비행기를 탄 사람은

340억 명. 이들이 비행한 거리를 모두 합하면 무려 54조 킬로미터나 된다. 세계 일주로 따지자면 지구를 1,350,000,000번이나 돈 셈이고, 150,000,000km나 떨어진 태양까지 180,000번이나 왕복 비행을 한 것과 같다. 매일매일 전 세계적으로 하루 20,000대 이상 비행기가 뜨고 내리는 것도 모자라서, 1969년 7월엔 아폴로 11호가 195시간 동안 우주 비행을 한 끝에 달에 발자국까지 남기지 않았는가!

그러나 아무리 비행기를 타고 구름 위를 날아 본 사람일지라도 배

낭 로켓의 매력에 빠지지 않을 사람은 없을 것이다. 비행기 안 좁은 창문을 통해 하늘을 경험한다고 해서 자유를 느낄 수 있는 것은 아니니까. 온몸으로 바람을 가르며 새처럼 하늘을 날아야 비로소 비행이 주는 자유를 만끽할 수 있기 때문이다.

'패러글라이딩'도 온몸으로 바람을 가를 순 있지만, 기구에 몸을 연결하는 '하네스'라는 장비를 걸친 후 거대한 날개에 매달려야 한다. 게다가 동력 추진을 이용해서 나는 것이 아니라 바람이 부는 대로 그저 둥둥 떠다니는 것뿐이니 어찌 배낭 로켓과 비교할 수 있으랴. 우리에게 배낭 로켓은 망토 하나로 하늘을 마음대로 나는 슈퍼맨의 꿈을 현실로 이루어 줄 그야말로 '꿈의 장치'인 것이다.

배낭 타고 구름 산책을

모든 사람이 배낭 로켓을 하나씩 가지고 다니는 시대가 오면, 세상 풍경이 과연 어떻게 변할까? 우선 아침저녁으로 통학하는 길에 1시간씩 버스나 지하철 안에서 시달릴 필요가 없어진다. 아파트에 사는 학생들은 어머니께 "학교 다녀오겠습니다!"라고 외친 후 베란다를 박차고 뛰어오르며 학교로 향하면 된다.

아버지는 매일 아침 출근 시간마다 주차된 차를 빼느라 아파트 주차장에서 실랑이를 벌일 필요가 없겠고, 도로를 빠져나오려는 차들과

한바탕 전쟁을 치를 필요도 없다. "차가 막혀 약속 시간에 늦었다."는 상투적인 핑계가 더 이상 안 통하는 세상이 시작된 것이다.

고속도로에 휴게소가 있는 것처럼, 공중에도 배낭 로켓 휴게소가 생길지도 모른다. 배낭 로켓에 넣을 연료를 충전해야 하기 때문에 스카이 휴게소에는 로켓 엔진 충전소도 있어야 하고, 공중 비행을 하면서 먹을 수 있는 배낭 장착용 음료수나 잠시 쉬면서 먹을 수 있는 찐 감자와 떡볶이를 파는 스낵 코너도 있어야 할 것이다.

하늘에 떠 있는 공중 휴게소에서 떡볶이를 냠냠 맛있게 먹다가 떨어뜨리면? 한 마디로 큰일나겠다! 떡볶이가 아래쪽에 있던 사람의 머리로 곧장 돌진할 테니. (아무리 작은 떡볶이라도 하늘에서 떨어지면 날벼락이 될 수 있다!)

배낭 로켓이 주된 교통 수단이 되는 날이 오면, 케이블 TV 홈쇼핑 채널에선 배낭 로켓을 메고 비행하다가 번개를 맞아 졸지에 하늘에서 통닭 신세가 될 뻔했던 사람이 등장해 '번개 방지 헬멧'을 광고하는가 하면, 늦잠을 자느라 지각한 초등학생이 배낭 로켓인 줄 착각하고 자신의 책가방을 메고 베란다에서 뛰어내렸다가 사고를 당한 소식이 저녁 뉴스에 심심치 않게 등장할지도 모른다.

조앤 K. 롤링의 소설 《해리 포터, 마법사의 돌》에 나오는 '퀴디치' 게임을 기억하는가? 7명의 선수로 구성된 두 팀이 빗자루를 타고 공중에서 4개의 공을 놓고 벌이는 경기인 퀴디치 게임은 마법사와 마녀들이 가장 좋아하는 게임이다.

그러나 만약 배낭 로켓을 타고 공중을 마음대로 휘저을 수 있는 세상이 온다면, 스릴 만점의 퀴디치 게임이 이제 더 이상 판타지 소설 속 게임이 아니라 우리도 즐길 수 있는 스포츠가 된다. 마법을 통해 힘과 속도가 조절되는 빗자루가 액체 연료를 가득 실은 배낭 로켓으로 대치되는 것일 뿐, 마법사들만의 스포츠가 우리 머글들의 세상에서 빛을 보게 될지도 모른다.

배낭 로켓 여행자는 인간 폭탄!

배낭 로켓이 일상화된 세상이 온다고 해서 늘 흥미진진한 일들만 벌어지는 것은 아니다. 높은 사망률을 차지하는 자동차 사고가 줄어드는 대신 '배낭 로켓 여행자들의 충돌'이라는 신종 교통 사고가 발생할 수도 있으니 공중 비행 교통법의 제정이 반드시 필요하다. 로켓 비행법을 배우고 익히도록 배낭 로켓 면허증을 딴 사람만이 배낭 로켓을 멜 수 있는 자격을 얻게 될 것이다.

비행 중 배낭 로켓의 고장은 곧바로 '추락'을 의미하며, 이는 부상을 넘어 죽음과 맞닿을 만큼 매우 치명적이다. 로켓은 산화제를 이용해 연료를 태우며, 이때 발생한 연소 가스를 엔진의 노즐 밖으로 방출함으로써 그에 대한 반작용으로 추진력을 얻어 앞으로 날아간다. 마치 바람 빠진 풍선이 공중을 휘젓고 날아다니는 것처럼 말이다. 말하자면 배낭 로켓은 인화성 폭발물로 가득 찬 '배낭형 폭탄'인 셈이다.

실제로 '가장 오래된 로켓'으로 문헌에 기록돼 있는 중국의 '비화창'은 1232년 몽고와의 전쟁에서 사용된 무기였는데, 창에 매달아 놓은 통에 화약을 넣고 불을 붙이면 화약이 타면서 뒤로 분출되는 연소 가스의 반작용으로 앞으로 날아가게 만든 강력한 무기였다. 우리나라 최초의 로켓인 고려 말 최무선의 '주화' 역시 비슷한 원리로 만들어진 것이다.

만약 배낭 로켓을 탄 사람이 기계 고장으로 갑자기 추락하거나 출발할 때 연소가 불량해 엉뚱한 곳으로 발사된다면, 그 안에 탄 사람은 영락없이 비화창의 '창' 신세가 될 수밖에 없다는 얘기다.

따라서 배낭 로켓 안전 비행을 위해선 서로 접근하면 경고음을 보내는 장치도 부착해야 하고, 길을 잃고 공중을 헤매는 일이 발생하지 않도록 인공위성에서 지리 정보를 전송해 주는 위성 항법 장치, 즉 GPS(Global positioning system)도 구축해야 한다. 예기치 못하게 철새 떼를 만나는 일이 없도록 철새들이 싫어하는 소리를 발생하는 음파 발생기도 반드시 챙길 것!

배낭 로켓은 이미 만들어졌다?

사실은 배낭 로켓이 실제로 만들어진 적이 있을뿐더러, 수많은 연구진들에 의해 교통 수단이나 군사 무기로 사용될 수 있도록 연구된 적도 있었다. 1953년 미국 뉴욕 주 버펄로 시에 있는 벨 항공 시스템에서 엔지니어로 일하던 웬델 무어는 배낭 로켓(그는 그것을 jetpack 혹은 rocket belt라고 이름 붙였다.)을 만들어 에어쇼와 CF에 선보인 적 있는데, 당시 폭발적인 인기를 끌었다고 한다. 심지어 이 배낭 로켓은 1965년도에는 할리우드 영화 〈007 썬더볼 작전〉에서 제임스 본드의 화려한 무기로 등장하기도 했다.

그러나 앞서 언급했던 배낭 로켓에 대한 기술적 우려가 웬델의 배낭 로켓에서 고스란히 드러났다. 웬델의 초창기 배낭 로켓은 30kg 정도의 무게였다. 그러다 보니 20초 이상 비행을 하는 것은 무리였고, 그 후로 등장한 것들도 대개 5분을 채 넘기지 못했다. '꿈의 비행 장치'가 아니라 '무늬만 배낭인 무거운 글라이더'에 불과했던 셈이다. 군사용 무기로 사용하기 위해 미 공군과 대량 판매 계약 직전까지 갔지만, 곧바로 쓸모없는 무기로 판명나고 말았다.

남의 눈에도 잘 띄고, 속도도 느리며, 엔진 소리도 시끄러운 데다가, 안전 장치가 달려 있지 않아서 밑에 있는 사람이 총을 쏘면 고스

란히 맞고 추락할 수밖에 없었다. 그래서 결국 적절한 용도를 찾지 못하고 지금은 '아주 화려하게 등장했다가 쓸쓸히 사라진 운송 수단 13'에 뽑혀 박물관에 보관 중이다. (특별한 행사가 있을 때만 전시용으로 사용한다고 한다.)

구름 속을 산책하고 아파트 21층을 단번에 올라갈 배낭 로켓의 시대가 도래하기 위해선 해결해야 할 과제가 아직 많이 남아 있다. 안전성의 문제, 효율성의 문제, 그리고 기술적인 한계까지. 만화 같은 세상을 만드는 일은 결코 만화처럼 간단하지만은 않다. 그러나 하루가 다르게 '차세대 연료' 후보들이 개발되고 있는 요즘, 배낭 로켓 역시 과학자들의 실험실에서 아무도 모르게 조심스럽게 잉태되고 있다.

어깨에 멘 가방이 유난히 무겁다고 느껴지는 하굣길엔 그 가방이 로켓이 되어 함께 날아가는 상상을 해 보자. 집 앞까지 멋진 비행을 도와줄 나만의 로켓이라는 즐거운 상상. 무거웠던 가방이 가벼워지면서 낯선 설렘으로 발걸음이 가벼워지지 않을까.

슈퍼맨의 비애

日刊 스포츠 히어로
슈퍼맨, 비행 사기 파문
망토 속에 로켓 숨겨
히어로 협회 슈퍼맨 퇴출 결의
슈퍼맨이 비난을 사고 로켓을 숨겨서

슈퍼맨이 망토가 아닌 소형 로켓을 망토 속에 숨겨 비행한 사실이 드러났습니다.

팬의 한 사람으로서 분노가 치밀어요! 로켓을 달고 비행하면 일반인과 다를 게 뭡니까?

네, 슈퍼맨이 모자를 눌러쓴 채 검찰 조사를 마치고 나오고 있습니다!
비키세요!
슈퍼맨 씨 한 말씀 해주시죠!

한 말씀 해 주시죠! 슈퍼맨 씨.
국민과 악당 여러분께 정말 면목이 없습니다.
나이가 드니 ~ 로켓 없인 날기도 힘들고……

그동안 숨기느라 마음 고생도 심하셨을 텐데…… 가장 어려웠던 점은?
옷값이 많이 들었어요.
망토랑 팬티롱이 로켓 분사구에 잘 녹아서……

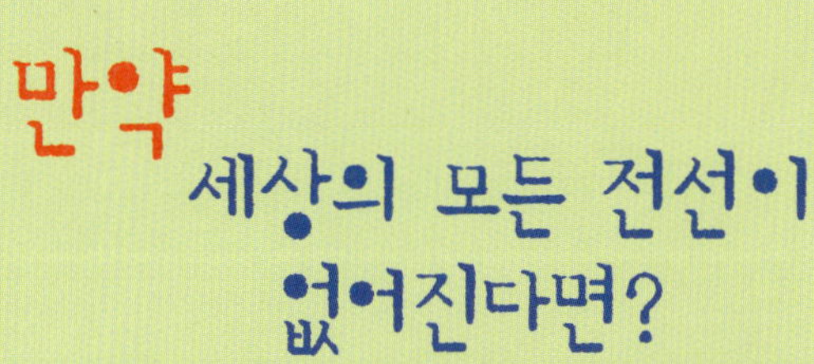

전선 안을 굴러다니며 전류를 발생시킨 것은 원자에서 떨어져 나온
덩어리들, 바로 전자들이었다. 조용하고 소심한 성격의 J. J. 톰슨이
드디어 '전자'를 발견하였다.

—데이비드 보더니스, 《일렉트릭 유니버스》 중에서

1999년 11월부터 장장 7개월 동안 최고의

시청률을 올리며 인기리에 방영했던 MBC 드라마 〈허준〉. 조선 광해군 시대 임진왜란 격동기를 배경으로 《동의보감》을 펴내고 어의로 크게 활약했던 실존 인물 '허준'의 생애를 사실적으로 그린 작품이다. 그러나 모두가 인정하는 명작에도 실수는 있는 법. 이 작품에도 '옥에 티'가 존재한다.

드라마 최종회의 마지막 대목, 중요한 순간에서 저 멀리 길가에 전봇대가 하나 서 있는 것이 아닌가! 조선 시대에 전봇대라니! 그러나 너무 실망하지 마시라. '옥에 티'는 그저 옥에 묻은 티일 뿐, 티로 인해 옥이 변하진 않는다.

지구를 감싸는 거대한 그물망, 전선

드라마 〈허준〉에 카메오로 등장해 촬영 팀을 괴롭힌 전봇대는 경기도 민속촌이나 사극 드라마 촬영용 세트장을 제외하면 전국 어디에서나 발견할 수 있다. 이 녀석 때문에 한반도에서 사극을 마음대로 찍을 수 없는 것도 사실이지만, 전봇대 없는 곳을 찾는 것은 해운대 모래사장에서 육각형 모래알을 찾는 것만큼이나 어렵다.

촬영 팀에겐 '애물단지'이고 시청자들에겐 '옥에 티'인 전봇대가 지

구상에서 사라지지 못하고 방방곡곡을 메우고 있는 데에는 다 그만한
이유가 있다. 전국에 있는 각 가정에 전기를 공급하기 위해서는 전선
이 꼭 필요하다. 발전소는 전선을 통해 각 가정과 건물에 전기를 보
내고, 그러기 위해 기나긴 전선을 연결하려면 반드시 전봇대가 있어
야 한다.

　　텔레비전에서부터 냉장고와 에어컨, 심지어 핸드폰 충전기에 이르
기까지, 전기가 없으면 단 하루도 제대로 작동하지 못하는 '지구'는
이제 '전봇대와 전선으로 유지되는 거대한 전자 제품'이 돼 버린 것
이다.

실제로 2003년 8월, 미국과 캐나다 동부 지역에 47,000,000kw의 부하가 생기면서 대규모 정전 사태가 발생한 적이 있었다. 우리나라 하루 최대 전력 수요의 1.3배에 달하는 전기량에 과부하가 걸려 생긴 이 사태로 약 5,500만 명의 소비자가 경제적 피해를 입었으며, 뉴욕 등 대도시들은 전기가 사라짐으로써 순식간에 공황 사태에 빠져들어 폭동과 범죄가 급증하는 사태가 빚어졌다.

미국은 단 하룻동안 벌어진 정전 사태로 수십 조 원에 달하는 막대한 경제적 손실을 입어야만 했던 것이다. 이는 우리가 살고 있는 지구가 '전기로 돌아가는 세상'이란 사실을 적나라하게 폭로한 사건이라고 해도 과언이 아니다.

우리는 얼마나 많은 전선 그물망 안에서 살고 있는 것일까? 아마 그 답을 들으면 깜짝 놀랄 것이다. 1887년 경복궁 건청궁에 우리나라 최초로 전기 점등이 시작된 이래, 대한민국은 '전선 안에 갇힌 나라'라고 해도 과언이 아닐 정도로 '전기 홍수' 속에 살고 있다. (건청궁은 고종 내외가 흥선 대원군의 정치적 간섭에서 벗어나기 위해 1873년 경복궁 안에 별도로 조성한 곳으로, 1895년 일본 낭인의 칼에 명성 황후의 피가 흩뿌려진 장소이기도 하다.)

한국전력공사가 2004년 말에 발표한 통계 자료에 따르면, 전국 방방곡곡에 퍼져 있는 전선의 길이는 지상에만 956,626km, 지하에는

67,150km, 이 모두를 합치면 그 전체 길이는 무려 1,023,776km에 이른다. 이 정도 길이면 지구를 25바퀴나 감고도 남으며, 서울과 부산을 무려 1,190번이나 왕복할 수 있는 거리다. 21세기 우리가 살고 있는 한반도는 그야말로 전선으로 칭칭 감겨 있다고 해도 과언이 아닌 셈이다.

우리보다 땅덩어리가 40배나 더 넓은 미국에선 전선이 더욱 심각한 골칫거리다. 국가가 관리하는 전선의 길이는 1,300,000km에 불과하지만, 주로 사설 회사에서 전력을 관리하고 있어서 그들이 관리하는 전선의 길이를 모두 합치면 우리나라 전선 길이의 15배에 달한다. 물론 이것은 각 가정과 건물 안에서 사용하는 전선들은 고려하지 않은 수치다.

우리 집 안에는 얼마나 많은 전선들이 뱀처럼 꼬여 있을까? 방에는 오디오 장치에서부터 컴퓨터, 휴대폰 충전기, 스탠드 등 온갖 전자 제품들 끝에 전선들이 이어져 어지럽게 춤추고 있고, 거실에는 전화기, 진공 청소기, TV, 부엌에는 전자레인지와 냉장고에 꼬리처럼 매달린 전선들이 복잡하게 얽혀 있다.

사람들의 삶에서 전선들이 이렇게 꼬이게 된 것은 20세기 현대 사회로 들어서면서 전기 에너지에 대한 의존율이 높아졌기 때문이다. 전기 에너지는 빛, 소리, 열, 운동 에너지 등 다른 형태로 쉽게 변환되고 저장될 수 있어서 원하는 곳에 언제든 빠르고 정확하게 전달된다.

1886년 독일 지멘스사가 최초로 전자석을 사용해 발전기를 만들어 전기를 사용한 이후, 전기에 대한 수요는 해마다 전 세계적으로 급증해 왔으며, 더불어 전기를 실어 나르는 '전선'의 길이도 엄청난 속도로 증가할 수밖에 없었다.

지구, 전선 그물망으로부터 자유를 얻다

지구는 이미 전선 공해로 시달린 지 오래다. 건설 현장에서 중장비를 운반할 때 전력 설비와 접촉되어 '감전 사고'가 늘어났고, 이삿짐을 운반할 때나 건물을 지을 때조차도 전선은 안전거리 이상 피해야만 하는 위험물이 되었다.

심지어 낚시를 할 때에도 전선과 낚싯줄이 엉키지 않도록 조심해야 한다. 전선이 엄청나게 많아지면서 전선으로 말미암은 화재도 빈번해졌다. 전기와 관련된 사고 중에서 전선 과부하, 전기 누전 등 전선에서 비롯된 경우가 무려 30%가 넘는다.

그렇다면 전선이 없는 세상이 온다면 지구는 어떻게 바뀔까? 전선이 없다면 우리는 무엇으로 전기 에너지를 공급받을 수 있을까? 과연 전봇대를 가로지르는 전선 없이 에너지와 데이터를 전송하고 사용할 수 있는 세상을 맛볼 수는 있는 걸까? (사실 인간이 만

들어 내는 대부분의 에너지는 전선 위에서 사라진다. 이 문제만 해결해도 에너지 걱정은 없을 텐데.)

전선이 모두 사라진다면, 우선 산과 들의 흉측한 전봇대들도 따라서 사라질 것이다. 플러그에 꽂지 않고도 가전 제품을 오랫동안 마음대로 쓸 수 있으니 컴퓨터를 쓰거나 휴대폰을 충전하기 위해 굳이 집에 들어갈 필요가 없다. 야외에서도 얼마든지 가전 제품을 사용할 수 있기 때문이다.

나라에서 만든 전기 에너지를 집집마다 보낼 필요가 없는 세상이 되었으니 전기 에너지를 나르는 배송관인 전선이 없어지는 것은 당연

한 일이다. 그렇지만 전기 에너지를 필요로 하는 이상 에너지원을 공급할 대안을 마련하는 일은 필수! 우리의 가전 제품들은 앞으로 전선 없이 어디에서 에너지를 얻을 수 있을까?

가장 막강한 후보는 바로 '건전지'다. 거대한 냉장고도 10년간 쓸 수 있는 주먹만 한 건전지로 작동하게 되는 세상이 오면, 가정에서 쓰는 웬만한 가전 제품들은 대부분 건전지나 충전지로 작동할 수 있게 된다. (물론 아직은 냉장고보다 건전지가 더 커야 하지만.) 그러면 집 안에서 전선에 걸려 넘어지거나 뱀처럼 꼬인 전선을 볼 일은 없어지게 된다. 이제 집 안의 모든 가전 제품에 바퀴를 달고 움직이게 만들 수 있는 세상이 오는 셈이다.

　개구쟁이 아이들을 둔 부모들은 전기에 감전되지 않을까 노심초사하며 아이들을 보호할 필요가 없다. 전기를 끌어오기가 힘들어 고생했던 산간 벽지 사람들에게도 더 이상 전기는 걱정거리가 아니다. 우리는 전봇대로 산에 상처를 내고 흉측한 전선으로 세상을 옭매지 않아도 전기를 마음껏 쓸 수 있게 된다.

　강력한 건전지는 미국에서 벌어진 대규모 정전 사태와 같은 재앙에도 겁먹지 않게 도와준다. 기계마다 강력한 건전지를 병렬로 연결해 놓고 쓰면 공장들도 불안정한 전력 공급 때문에 걱정하지 않아도 된다. 중앙 집중식으로 에너지를 만들어 나르는 방식이 아니라, 건전지라는 에너지원을 통하여 분산해서 사용한다면 대규모 에너지 공급 중단 사태는 사라질 것이다.

　'전선 없는 세상'을 만드는 중요한 기술 중 다른 하나는 '연료 전

지'다. 전기 분해를 역이용해 천연 가스와 메탄올 등에서 수소와 산소를 얻어 낸 다음, 그것들을 반응시켜 화학 에너지를 바로 전기 에너지로 전환시킬 수 있게 만드는 장치다.

　전해질을 사이에 두고 두 전극은 샌드위치 형태로 위치하고, 이 두 전극을 통하여 수소 이온과 산소 이온이 지나가면서 전류를 발생시키는 것이다. 어쩌면 우리는 전선은 사라졌지만, 거대

한 건전지나 연료 전지를 평생 들고 다녀야만 하는 운명에 처할지도 모른다.

연료 전지는 연료의 연소 반응 없이 에너지를 발생시키기 때문에 오염원이 배출되지 않는 무공해 에너지다. 화학 반응으로 전기를 발생시킨다는 점에서 배터리와 비슷하지만, 반응 물질인 수소와 산소를 외부에서 공급받기 때문에 배터리와 달리 '발전'이 필요 없다.

미래에는 '압축식 발전기'라는 것도 유용할지 모른다. 우리가 신체 활동을 하는 동안 전기를 생산해 내는 것인데, 만약 압력을 받으면 전기를 발생하는 압전 소자를 신발 아래 장착하면 하루 종일 돌아다

니는 것만으로도 엄청난 양의 에너지를 만들어 낼 수 있다. 또, 양 어깨나 관절에도 회전식 전자석을 설치하면 팔을 돌리고 움직일 때마다 전기를 얻을 수 있다. (그렇다고 이걸로 냉장고를 작동시키려고 하지 마라. 그러고 나면 힘이 빠져서 냉장고 안의 음식을 다 먹어도 허기가 질 테니.)

전선 없는 세상을 상상하며

사실 지금 당장 전선을 모두 없앤다는 것은 불가능한 일이다. 그래서 우리나라도 전선을 없애는 대신 평균 전력 손실률을 낮추기 위해 엄청난 노력을 하고 있는 중이다. 전력량 공급시 송전선에 발생하는 열을 감소시키기 위해 전압을 110V에서 220V로 높이고 전선의 상태를 개선하는 데 힘을 들였다.

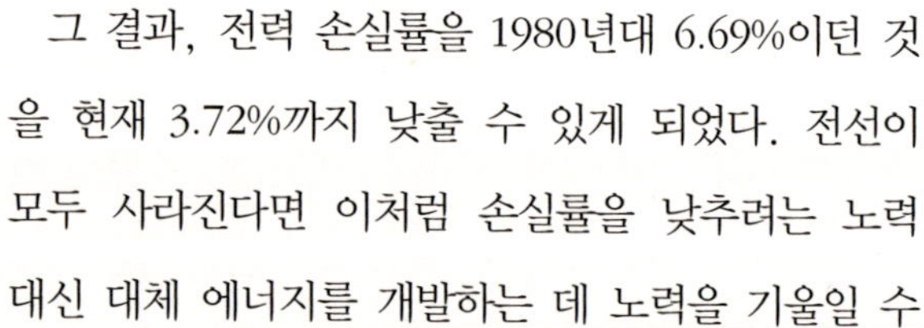

그 결과, 전력 손실률을 1980년대 6.69%이던 것을 현재 3.72%까지 낮출 수 있게 되었다. 전선이 모두 사라진다면 이처럼 손실률을 낮추려는 노력 대신 대체 에너지를 개발하는 데 노력을 기울일 수 있을 것이다. 어쩌면 그 순서가 바뀌어야 할지도 모르고……

전선이 없는 세상은 과연 지금보다 훨씬 편리하고 살맛이 날까? 혹시나 전선이 사라져 지구는 답답한 그물망을 벗게 되지만, 대신 무거운 건전지와 연료 전지, 대체 에너지를 만들어 내는 발전기를 짊어져야 하는 상황이 오진 않을까? 지금처럼 에너지 소모가 끝없이 늘어나기만 한다면, 어떤 대안이 나오든 그것은 지구에게 몹쓸 짓이 될 수밖에 없을 것이다.

언젠가 우리는 하나의 건전지에 화력발전소 하나를 통째로 넣어 둘 수 있을지도 모른다. 하지만 세상의 무질서가 줄어들지 않는다면 엔트로피 법칙으로 벗어날 수 없기에, 그 대가로 숲과 호수를 날마다 하나씩 잃어버리게 될지도 모른다.

》 전기 분해가 뭐예요? 《

전기 분해……. 어디서 많이 들어 본 말인데, 무슨 뜻일까? 전기를 둘로 쪼갠다는 뜻일까? 전기 분해란 전해질 속에 들어 있는 이온들을 (+)냐 (-)냐에 따라 분리하는 것을 말한다. 말하자면 전자를 잃는 산화 반응과 전자를 얻는 환원 반응을 이용하여 전기 에너지를 화학 에너지로 바꾸어 물질을 분해하는 것이다.

일반적으로 전류를 통할 수 있게 하는 이온을 가진 전해질 수용액에 직류 전류를 가하면, 양이온은 전기장에 의해 (-)극으로 끌려가 전하를 잃게 되고, 반면 음이온은 (+)극으로 끌려가 전하를 얻게 된다.

그러면 전하가 서로 상쇄되어 중성의 물질로 석출된다. 이렇게 물을 전기 분해하면 (-)극에서는 환원 반응이 진행된 결과 수소 기체를 얻고, 반대로 (+)극에서는 산화 반응에 의한 산소 기체를 얻는다.

전선이 사라지면 에너지도 절약될까?

전력을 가정으로 보내는 데 필요한 엄청난 길이의 전선들은 도대체 무엇으로 만들까? 그 안쪽의 금속 재질은 바로 '구리'이다. 구리의 단위 길이당 저항은 전류가 흐르지 않는 비도체인 유리와 비교하면 $1.72 \times 10^{-8}(\Omega/m)$로 매우 작다.

그러나 전기가 발전소나 가정집이나 공장으로 도달하기 위해서는 보통 수백 킬로미터 길이의 전선이 필요하기 때문에 길이에 비례하여 계속 커지는 저항과 그에 따른 전력 손실은 막을 길이 없다. 전선에 존재하는 저항 때문에 전선 내부에 존재하는 전력 손실은 발생할 수밖에 없다는 얘기다. 전선의 굵기, 온도, 노후된 정도 등도 전력을 손실시키는 데 한 몫을 한다. 전선의 길이가 짧고 굵기가 굵을수록 저항은 작아진다.

전선 내부에 존재하는 이런 '저항'은 사실 전선 속을 이동하는 전자와 원자들이 서로 충돌하면서 생긴다. 따라서 저항을 없애는 것은 저항이 전혀 없는 초전도체 전선을 사용하지 않는 이상 불가능하다. 모든 전선은 원자들로 이루어져 있으니까.

초전도체를 쓰면 되지 않느냐고? 안타깝게도, 저항이 완전히 사라지는 초전도 현상은 영하 120° 이하에서 발생한다. 많은 물리학자들이 상온에서 초전도 현상을 만들어 내기 위해 노력하고 있으며, 이것이 만일 가능해진다면—아직은 먼 얘기지만—전선에서 전력 손실은 거의 사라질 것이다.

미 항공 우주국은 지구에서 약 150광년 떨어진 TW 히드라의
외계 태양계인 HD98800에서 태양이 4개인 행성들이 발견됐다고
발표했다. 스피처 우주 망원경으로 관찰한 결과, 이들 행성에선 2개의
태양이 동시에 떠올라 오렌지색으로 빛나고, 다른 2개의 태양은
아주 멀리서 빛나는 것처럼 보였다고 한다. 천문학자들은 만약
행성의 궤도가 안정돼 있다면, 이들 행성에 생명체가 존재할 수도
있을 것으로 내다보고 있다.

—〈뉴사이언티스트〉, 2007년 8월 2일자 기사에서

보름달, 그림자, 무지개, 자동차, 그리고 비행기.

이 단어들의 공통점은 무엇일까? 밤하늘을 훤히 비추는 보름달과 빠르게 달리는 자동차 사이에 숨어 있는 연결 고리는 무엇일까? 답은 의외로 가까이에 있다. 인류 역사상 단 하루도 빠지지 않고 우리 주변을 맴돌았던 것. 그것은 바로 태양이다.

밤하늘을 환히 비추는 태양의 라이벌인 보름달은 알고 보면 태양이 만들어 낸 은은한 조명이다. 초승달, 그믐달, 보름달 할 것 없이 달은 스스로 빛을 내지 못한다. 우리가 바라보는 달은 사실 거대한 태양 손전등이 비춘 달의 얼굴에 불과하다. 그림자란 직진하는 태양빛을 가로막은 물체 뒤에 드리우는 검은 그늘이고, 비 갠 후 볼 수 있는 무지개는 하늘에 떠 있는 물방울 프리즘을 통과한 태양빛이다. 그러니 보름달과 그림자, 무지개는 모두 태양이 만든 예술 작품인 셈이다.

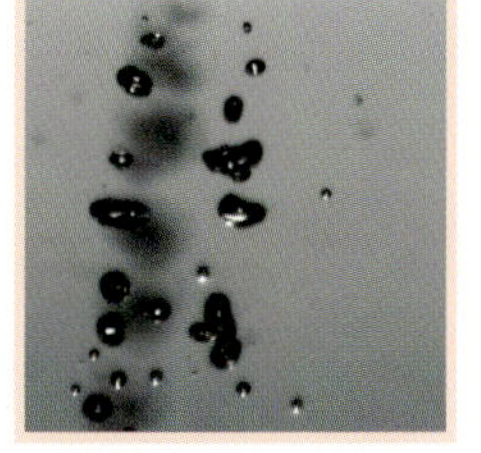

그러면 자동차와 비행기는 도대체 태양과 무슨 인연이 있을까? 언뜻 보면 전혀 상관없어 보이는 자동차와 비행기를 태양과 연결짓는 고리는 바로 석유다. 자동차를 굴리고 비행기를 하늘에 띄우는 석유 속에는 수백만 년 전 태양의 에너지가 담겨져 있기 때문이다. 자동차나 비행기도 태양 없이는 움직일 수 없는 고철일 뿐이다.

달빛이나 자동차뿐만 아니라, 우리 주변에 있는 그 어떤 것도 꼬리

에 꼬리를 물고 생각을 이어 가다 보면 태양과 동떨어진 것은 하나도 없다. 식물은 광합성을 통해 생명을 유지하기 위해 필요한 에너지를 만들어 내는데, 바로 이 광합성의 원료가 되는 것 역시 태양빛이다.

동물은 식물이 저장해 두었던 태양 에너지를 먹으며 살아가고, 사람들은 밥상에 한가득 차려진 태양을 먹는다. 우리가 화석 연료라 부르는 석탄, 석유, 천연 가스 등은 모두 아주 오래전 태양을 의지해 살았던 생물들의 유해가 오랜 시간 땅속에 묻혀, 열과 압력을 받아 생겨난 것들이다. 그러고 보면 태양은 지구에 생명의 빛을 선사하는 절대자인 것이다.

한낮의 태양, 그리고 밤하늘의 별

지구보다 109배나 크고 330,000배나 무거우며, 표면 온도가 지구의 400배인 6,000℃에 이르는 거대한 불덩어리, 태양. 만약 이 태양이 하늘에 2개가 떠 있다면 지구는 어떤 모습으로 바뀔까? 이 무슨 뚱딴지 같은 소리냐고 하는 사람도 있겠지만, 이미 과학자들은 행성을 거느린 별들, 즉 외계 태양계를 100여 개가량 발견했다. 그중에는 2개의 태양이 뜨는 태양계가 상당수 포함돼 있다고 한다.

사실 우주에 떠 있는 무수히 많은 별들 중에서 태양처럼 홀로 떨어져 외로이 빛나는 별은 오히려 특수한 경우에 속한다. 마치 달과 지구가 서로의 중력에 묶여 함께 돌고 있듯이, 우주에 있는 많은 별들은 둘 혹은 셋 이상이 함께 모여 돌고 있다.

얼마 전까지 과학자들은, 2개의 별이 한 쌍을 이뤄 도는 쌍성계는 태양계를 형성하지 못할 것이라 생각해 왔다. 쌍성계는 그 구조적 특성상, 안정된 궤도를 갖는 행성을 거느릴 수 없을 것이라는 예측 때문이었다. 하지만 1999년 11월, 미국 노트르담 대학의 한국인 천체물리학자 이선홍 교수팀이 쌍성계를 공전하는 행성을 발견하게 되면서, 이전의 추측들이 잘못되었음이 밝혀졌다. 말하자면 우주 어디선가는 여러 별들이 쌍을 이뤄 돌면서 행성을 거느린 태양계를 형성할 수도 있다는 것이다. '만약 태양이 두 개라면?'이라는 상상이 영 엉뚱한 것만은 아니라는 얘기다.

두 개의 태양이 만드는 색다른 세상

우주 저 멀리 어딘가에는 2개의 태양이 뜨는 행성이 있다니, 태양

이 달랑 하나만 떠 있는 우리네 하늘이 새삼 초라하게 느껴지기도 한다. 태양이 2개라면 어떤 느낌일까? 왠지 공상 과학 영화의 한 장면처럼 신비로운 분위기가 날 것 같기도 하고, 지금과 별반 다르지 않을 것 같기도 하다.

하늘에 백조자리를 이루는 별들 중에 알비레오라는 쌍둥이별이 있는데 하나는 파란색으로, 다른 하나는 주황색으로 보인다. 이처럼 태양 2개도 서로 색깔을 달리해서 보다 알록달록한 세상을 선사해 줄 수 있지 않을까?

2개의 태양이 뜨는 세상에는 별의별 게 다 2개다. 무대의 스포트라이트를 받는 배우의 그림자처럼, 그림자는 두 갈래로 벌어진 가위 모양을 하고 있다. 여기저기 그림자가 드리워진 세상은 조금은 어지럽게 느껴지기도 한다. 그림자가 2개이니, 나무 그늘도 2배나 넓어지겠지만, 정말로 시원한 진짜 그늘은 오히려 줄어든다. 오직 2개의 그림자가 겹치는 부분에서만 2개의 태양에서 쏟아지는 햇빛을 온전히 가릴 수 있기 때문이다.

알록달록한 무지개를 하나 더 볼 수 있다는 것은 유쾌한 일이다. 비 갠 후 하늘에선 2개의 무지개가 동서로 하나씩 떠오른다. 하나의 태양이 만드는 무지개와 다른 점이 있다면, 각각의 태양이 만들어 낸 무지개마다 그 색이 조금씩 다르다는 점이다.

태양처럼 활활 타오르는 별은 표면 온도에 따라서 여러 가지 색의 빛을 낸다. 3,000℃ 정도에선 빨간빛을 주로 뿜어내고, 5,000~6,000℃ 근처에선 노란빛을 낸다. 그보다 더 높은 온도, 그러니까 표면 온도가 20,000℃ 정도 되는 화끈한 별은 푸른빛을 강하게 발산한다. 그러니 붉은 태양이 만든 무지개는 붉은색 선이 선

명할 테고, 푸른 태양이 만든 무지개는 푸른 빛깔이 도드라질 것이다.

태양이 2개인 세상에서 선글라스는 멋을 내는 액세서리가 아니라 생필품으로 자리를 잡는다. 하늘에 번쩍이는 태양이 2개나 있으니, 사방은 아니더라도 양 방향에서 빛이 내리쬐고, 곳곳에서 산란된 빛이 눈부

신 세상을 만들 테니까. 하나의 태양을 피해 고개를 돌리면 또 다른 태양이 쏟아내는 빛을 만나 또 고개를 돌려야 한다. 그러니 해가 쨍쨍 내리쬐는 한낮에 야외 활동을 하려면 꼭 선글라스를 챙겨야 한다.

매일같이 해를 쫓아다니는 해바라기는 어떻게 될까? 2개의 태양을 모두 따라다니려면 여간 힘든 일이 아닐 텐데. 어쩌면 고개를 돌려가며 두 태양 사이를 왔다 갔다 할지도 모르겠다. 태양이 2개인 행성  에는 테크노댄스를 추는 해바라기가 서식하진 않을까? 물론 믿거나 말거나지만.

서로 다른 색의 태양은 무지개에게 그러했듯 숲의 색도 바꿔 놓는다. 서로 다른 태양빛 때문에 숲이 다른 빛깔로 보일 뿐만 아니라 숲 자체의 색깔도 변한다. 사계절 내내 울긋불긋한 숲을 볼 수 있다는 얘기다. 그 비밀은 광합성을 하는 엽록체 안의 엽록소에 있다. 태양이 하나만 떠 있는 우리네 숲이 푸른 이유는 나뭇잎 속에 엽록소라는 녹색 색소가 들어 있어서인데, 엽록소는 붉은색 태양빛을 가장 많이 흡수하고 녹색을 가장 많이 반사한다.

만약 태양이 파랗다면, 보색 효과에 의해 파란빛을 잘 흡수하는 노란색 색소를 가진 식물들이 더 많이 생겨날 것이다. 숲은 태양빛을 효과적으로 흡수하는 쪽으로 옷을 갈아입게 될 테니까. 서로 다른 색의 태양이 2개 뜨는 세상에선 숲의 색도 그만큼 다채로워진다.

하늘을 숭배하고, 태양같이 사랑하라?

태양은 지구의 환경뿐만 아니라, 지구 위에 살고 있는 사람들의 문화도 완전히 바꿔 놓을 것이다. 태양이 2개라면 사람들은 태양에 대해 어떤 생각을 하며 살게 될까?

머리 위 하늘에 동그란 해가 2개, 그것도 나란히 떠 있는 모습을 상상해 보자. 2개의 태양 위로 얇고 긴 구름이 살짝 얹어져 있다면! 마치 하늘에서 거대한 누군가가 우리를 쳐다보고 있는 느낌이 들지 않을까? 2개의 태양은 거인의 눈처럼 보일 테니까. 스케치북 위 아이들의 그림 속엔 사람의 얼굴과 비슷한 모양의 하늘이 떠 있을 것이다.

과학이 하늘의 움직임을 설명하기 전까지, 사람들은 하늘에 떠 있는 태양을 정말로 거인의 눈이라고 생각했을지도 모른다. 커다란 눈으로 사람들의 모습을 지켜보는 하늘이 매우 무섭고 두려운 존재로 느껴졌을 것이 분명하다. 그리고 사람들은 그 하늘을 당연히 신으로 섬겼을 테고, 아주 오래도록 인격을 가진 존재라고 생각했으리라.

하늘을 숭배하는 문화는 계속해서 번성할지 몰라도 태양, 그 자체의 의미는 조금 달라질 것 같다. 그동안 우리가 살아왔던 세상에선 태양이 오직 단 하나뿐이라는 점 때문에, 유일한 존재로서 특별한 대접을 받아 왔다. 그래서 강력한 왕권 정치를 펼쳤던 프랑스의 루

이 14세는 태양왕이라며 자신의 절대 권력을 태양에 비유했고, 젊은 이들은 연인을 두고 '오, 나의 태양(O sole mio)'이라 부르며 사랑을 노래했다.

하늘 아래 유일한 것, 세상에 오직 단 하나뿐인 존재, 세상의 어둠을 밝혀 주는 절대자! 그것이 바로 태양이었다. 태양의 의미가 이러할진대, 자신을 태양이라 부르는 사람을 싫어할 여인이 어디에 있겠는가.

하지만 태양이 2개인 곳에선 이야기가 달라진다. 세상엔 태양이 2개고, 더 이상 하늘 아래 유일한 존재가 되지 못한다. 유일한 사랑에 2개는 너무 많다. 그러니 2개의 태양이 나란히 뜨는 세상에선 태양을 빗댄 사랑의 의미도 달라질 것이다.

쌍둥이처럼 닮았고, 한시도 떨어지지 않고 언제나 함께 다니는 태양이니, 금슬 좋은 부부나 사이좋은 연인을 표현하는 말로 적당하지 않을까? 앞으로는 사랑하는 사람에게 이렇게 고백하자.

"하늘에 떠 있는 한 쌍의 태양처럼 항상 당신과 함께하고 싶어요."

뒤죽박죽 태양의 나라

2개의 태양이 도는 모습을 상상하기 위해서, 우선 하나의 태양이 떠 있는 태양계의 모습을 머릿속에 그려 보자. 지구를 비롯한 태양계

의 행성들은 태양을 중심으로 타원 궤도를 따라 돌고 있다. 이때 태양 옆에 다른 태양을 둔다면 2개의 태양은 질량 중심을 기준으로 원운동을 할 것이다.

이는 몸무게가 다른 두 사람이 균형을 맞춰 시소를 타는 모습을 떠올리면 이해하기 쉽다. 몸무게가 다른 두 사람이 시소의 중심으로부터 같은 거리에 앉으면 시소는 균형을 잃고 무거운 사람 쪽으로 기울어진다. 따라서 무거운 사람은 시소의 중앙으로부터 조금 가까운 곳에, 가벼운 사람은 시소의 중앙으로부터 조금 먼 곳에 앉아야 두 사람은 즐겁게 시소를 탈 수 있다.

이와 마찬가지로 질량이 다른 태양 2개의 질량 중심은 무거운 태양에 가깝게 위치하게 되는 것이다. 그래서 두 태양 사이에 놓인 질량 중심은 태양계의 중심이 되고, 지구를 비롯한 행성들은 2개의 태양이 만들어 내는 바로 이 질량 중심을 기준으로 돌게 된다.

두 태양들이 강강술래하듯 서로를 마주하고 빙글빙글 돌면, 각각의 태양은 지구에 가까워졌다 멀어졌다 하는 운동을 반복한다. 이때 두 태양이 질량 차이가 많이 나면 날수록, 질량이 작은 태양은 질량 중심에서 멀리 놓여지고, 그만큼 지구에 가까워지고 멀어지는 거리 변화가 심해진다.

따라서 태양과 지구의 거리가 가까워지는 시기엔 뜨거운 태양열로 지구는 뜨겁게 달궈지고, 태양과 지구의 거리가 멀어질 때면 차가운 겨울이 찾아온다. 태양의 움직임이 계절을 변화시킨다는 말이다. 1999년 발견된 쌍성계를 살펴보면, 행성이 2개의 태양 주위를 한 번 도는 동안 2개의 태양은 질량 중심을 기준으로 7.7번 회전한다. 우리에게 익숙한 시간으로 표현하자면, 1년 동안 계절이 7.7번이나 바뀌는 셈이다.

그런데 여기서 한 가지, 하나의 태양이 만들어 내는 계절과 2개의 태양이 만들어 내는 계절 사이에는 결정적인 차이가 숨어 있다. 지금 우리가 살고 있는 지구에선 북반구가 여름이면 남반구엔 겨울이, 북반구가 겨울이면 남반구엔 여름이 찾아온다. 이는 지구의 자전축이

기울어져 있기 때문이다. 즉 계절의 변화는 태양과 지구 사이의 거리
가 거의 일정하기 때문에 거리에 따른 영향을 받지 않는다. 그래서
계절이 변하더라도 지구 전체의 평균 기온은 변하지 않는 것이다.

하지만 2개의 태양이 뜨는 지구에선 자전축에 의한 계절 변화뿐만
아니라, 태양과 지구의 거리가 달라져서 생기는 변화가 더 보태진다.
2개의 서로 다른 계절 변화가 복잡하게 얽힐 뿐만 아니라 지구의 변
화 또한 더욱 커진다.
태양이 지구와 가장 가까워지는 여름에는, 남극 대륙에 얼어 있던

빙하가 녹아 바다가 더 깊어지고 넓어진다. 반대로 태양이 지구와 멀리 떨어지는 겨울에는 빙하가 다시 얼어붙어 바다의 평균 해수면이 낮아지고 육지가 늘어나게 된다.

2개의 태양 덕에 바다의 깊이가 급격한 변화를 일으켜, 계절마다 해안선의 모양을 바꿔 놓는 것이다. 어쩌면 여름엔 서울이 바다 밑에 잠기고, 겨울엔 서해가 육지가 될지도 모를 일이다. 태양이 2개가 뜨는 지구의 세계 지도는 계절에 따라 그 형태를 달리할 것이다.

계절의 변화 외에도 낮이 밤보다 1시간 정도 길어지고, 한 태양이 다른 태양을 가려 아주 밝은 하나의 '초특급' 태양처럼 보이는 일식 현상 등 다양한 일들이 벌어진다.

2개의 태양으로부터 힘을 받는 지구의 궤도가 자주 흔들려, 매년 공전 궤도가 조금씩 바뀌는 일이 일어날 수도 있다. 이렇게 되면 매년 연말 연시 특집 방송에서 지구 공전 궤도를 예측해 보는 과학자들을 만날 수 있지 않을까?

또한 지구 전체에서 일어나는 심한 기온 변화는 파충류와 같은 변온 동물이 살기에 부적합한 환경을 만들어 낸다. 이로써 뜨거운 여름과 혹독한 겨울을 피하지 못했을 거대 파충류, 공룡은 지구에서 살아갈 수 없었을 테고, 결국 우리는 자연사 박물관에서 거대한 공룡의 화석을 구경할 수 없게 될 것이다.

하늘에 태양이 2개가 뜰 때, 온 세상은 우리의 상상이 미처 닿지 못할 엄청난 변화를 겪게 되는 셈이다!

하나뿐인 태양과 그 후계자

생각해 보면 태양과 함께 지구가 생겨나고, 생명이 태어나며, 문명이 탄생한 것은 확률로 따질 수 없는 기적이었다. 지구는 지금 광활한 우주에 지천으로 널린 수억의 별들 중 하나, 그것도 홀로 빛나는 별인 태양을 기가 막히게 알맞은 거리에서 돌고 있는 것이다.

따지고 보면 우리 주변에 펼쳐진 것들은 모두 지구라는 재료를 가지고 태양이 빚어낸 작품들이다. 지금과 같은 태양이 없었다면 이 모든 것들이 어떻게 존재할 수 있었을까?

하지만 언제나 변함없이 떠오를 것만 같은 태양도 영원히 지금 그대로의 모습으로 남아 있지는 않을 것 같다. 앞으로 남은 태양의 수명이 약 50억 년이라고 하니까.

태초에 빛을 선사한 이래로 변함없이 타오르던 태양도 결국은 그 빛을 잃어버리고 차갑게 식어 버릴 운명 앞에 놓여 있는 셈이다. 혹시나 그때까지 인류가 존재한다면, 지금도 어딘가에서 빛나고 있을

또 다른 태양을 찾아 떠나야만 한다.

그리고 그때가 되면, 새로운 행성의 하늘에서 밝게 빛나는 2개, 혹은 3개의 태양을 볼 수 있지 않을까? 새로운 태양들과 함께 공존할, 사람들의 새로운 세상을 설레는 마음으로 꿈꿔 본다.

》 계절은 왜 생기는 것일까? 《

사계절이 생기는 주된 이유는 지구의 자전축이 공전 궤도면에 대해 66.5° 기울어진 채로 자전과 공전을 하는 데에 있다. 그래서 지구가 태양 주위를 공전하면서 지표면에 받는 햇빛의 양, 즉 일사량이 지역마다 달라진다. 태양빛이 지구 표면에 수직으로 닿을 때 일사량이 가장 많으므로, 이런 볕을 받는 적도 지방은 언제나 따뜻한 데 비해 극지방은 일사량이 적어 항상 춥다.

지구의 자전축과 태양 방향이 이루는 각도는 지구가 태양을 돌았을 때의 위치에 따라 달라진다. 다시 말해서, 지구의 자전축은 23.5° 기울어져 있고, 태양 주위를 돌 때 어느 위치에 서 있느냐에 따라 태양과 이루는 각도가 달라진다. 태양빛은 춘분과 추분에 적도를 수직으로 비추지만 하지에는 북위 23.5°, 동지에는 남위 23.5°를 수직으로 비춘다. 이에 따라 각 지점이 받는 태양 복사 에너지의 양이 달라진다.

지구가 단위 면적당 받는 태양 복사 에너지의 양이 달라지면서 기온이 변화하게 된다. 그런데 기온의 변화가 주기적으로 일어나 보니 날씨가 변하는 대체적인 흐름이 있고, 이것이 바로 계절이다.

만약 세상의 모든 가로등이 사라진다면?

이곳의 자연은 정말 아름답다. 천상에서나 볼 수 있을 듯한 푸른색과
노란색의 조합은 얼마나 부드럽고 매혹적인지. 언제쯤이면 늘 마음속으로
생각하고 있는 '별이 빛나는 하늘'을 그릴 수 있을까?
……별이 빛나는 밤하늘은 늘 나를 꿈꾸게 한다.

―빈센트 반 고흐, 네덜란드 화가

언젠가부터 밤하늘의 별들이 사라지고 있다. 까만 하늘에 수를 놓듯이 촘촘히 박혀 있는 별들은 이제 그들만의 세상인 밤이 와도 모습을 드러낼 수 없다. 해가 지면 어김없이 나타나는 도시의 불빛 때문이다. 건물에서 새어 나오는 불빛에서부터 고층 빌딩 모서리의 화려한 간판들까지. 자동차 헤드라이트와 현란한 네온사인은 잠들지 않는 도시의 밤을 밝힌다.

수많은 불빛 중에서도 밤새도록 잠들지 않고 도시를 구석구석 꼼꼼히 밝혀 주는 것이 있으니 바로 '가로등'이다. 야간 열차를 타고 아무리 달려도 유리창 너머 사라지지 않고 이어지는 가로등의 노란 불빛은 마치 거리에서 빛나고 있는 별들의 행진처럼 아름답다. 63빌딩이나 서울타워 전망대에서 서울 시내를 바라보면 노랗게 줄지어 선 가로등 행렬이 야경의 아름다움을 더한다.

지금은 너무나도 익숙해진 가로등. 늦은 밤길 무서운 골목길을 밝혀 주는 고마운 가로등. 만약 세상의 모든 가로등이 사라진다면, 골목길은 얼마나 무서워질까? 또 찻길은 얼마나 위험해질까? 그러나 문득 달빛과 별빛에만 의지해 살던 150년 전 사람들의 삶이 궁금해진다. 도대체 사람들은 언제부터 가로등을 켜고 살았던 것일까?

가로등이 조선을 밝히다

우리나라에는 언제 처음 가로등이 세워졌을까? 서울시의 기록에 따르면, 1900년 4월 10일 종로 네거리에 우리나라 최초로 가로등 3개를 세웠다고 한다. 그러니까 대한민국에 가로등의 역사가 시작된 지 벌써 100년이 훌쩍 넘은 셈이다. 고작 3개였던 가로등 수가 지금은 서울 시내에만 122,444여 개. 매년 1,200개의 가로등이 새로 세워져 한반도를 밝혀 온 것이다. 가로등의 밝기 또한 '눈부시게' 발전했다.

1970년대에는 7~9럭스로 파리나 뉴욕 같은 대도시의 절반 수준에 불과했지만, 1992년에는 30럭스로 4배나 밝아졌다.

수를 헤아리기도 힘들 정도로 늘어나 버린 가로등. 그런데 신기하게도 해질녘 도시에 어둠이 깔리기 시작하면 그 많은 가로등이 약속이나 한 듯 일제히 불이 밝힌다. 도대체 도시의 가로등은 누가 켜고 끄는 것일까? 아무리 부지런한 사람이라도 그 많은 가로등의 불을 일일이 키려면 상당한 시간이 걸릴 텐데.

가로등을 켜고 끄는 방법은 여러 가지가 있다. 가로등에 안테나가 달려 있어 가로등 통제소에서 무선 원격 조종으로 불을 켜고 끌 수도 있고, 빛을 감지하는 센서를 설치해 해가 지면 스스로 알아서 켜지도록 만들어진 자동식도 있다. 일출과 일몰 시간을 입력해 놓은 타이머 방식도 있고 이런 방법들을 두루 사용하는 통합식도 있다. 이중에서 서울시는 주로 무선 원격 조종을 이용해 가로등을 켜고 끈다.

가로등에 대한 궁금증 또 하나! 왜 가로등의 불빛은 하필 주황색일까? 그러고 보니 파란색 가로등을 본 적이 없다. 특별한 이유가 있는 걸까? 파장이 긴 적색광일수록 잘 휘어지며 산란이 적기 때문에 주황빛은 상대적으로 멀리까지 도달하므로 원거리에서도 쉽게 볼 수 있다.

신호등이나 공사 표지판의 정지, 위험 신호에 빨간색을 사용하는 것도 같은 이유에서다. 그러나 가로등 조명이 완전한 적색광일 경우, 적색광 아래에서는 파란색이 보라색으로 보이는 부작용이 있고, 적록 색약자에게 제대로 안 보일 수 있기 때문에 비슷한 계열의 주황색을 사용하게 된 것이다.

가로등의 주황빛을 내는 가로등의 원료는 바로 나트륨. 이 나트륨 등은 전력 사용에 비해서 밝기가 강해 경제적이며 자연광에 가깝다는 장점이 있다. 하지만 공원이나 공공 건물 등에는 조경을 위해 색상이 선명하게 표현될 수 있는 하얀빛의 수은 등이 쓰이기도 한다.

가로등이 사라진 밤은?

그냥 그곳에 서 있는 게 당연하게만 여겨지는 가로등. 이제 사람들

은 아무도 가로등에 특별한 관심을 기울이지 않는다. 이제 가로등은 밤이면 시나브로 켜졌다가 아침이면 조용히 꺼지는 '도시의 파수꾼'이 되었다.

이처럼 익숙해진 가로등이 어느 날 갑자기 사라진다면, 세상은 제대로 굴러갈 수 있을까? 그동안 나도 모르게 일상 속으로 스며들었던 가로등 불빛을 잠시 꺼 두고 낯설지만 어두워진, 가로등 이전의 밤을 상상해 보자.

세상의 모든 가로등이 사라진다면 우리는 갑자기 깜깜해진 밤 풍경에 조금 당황할지도 모르겠다. 불야성을 이루던 도시의 밤거리는 고

요해질 것이며, 시끌벅적하던 야시장은 적막해질 것이다. 어두운 밤거리를 걸을 때면 누구나 심리적으로 불안해지게 마련이니, 밤에 밖에 돌아다니는 사람들의 수는 크게 줄지 모르겠다.

　가로등 없는 세상을 가장 두려워할 사람들은 바로 여성들. 가로등이 없는 어두운 밤길에 범죄가 폭증할까 봐 무서워서 밖에 돌아다니지도 못할 것이다. 그러나 놀랍게도 우리의 예상과는 달리 가로등의 수와 범죄 발생률 간의 상관 관계를 조사해 보면, '아무 상관없다!'가 결론이라고 한다. 오히려 밤보다 낮에 더 많은 범죄가 발생한다고 하니, 가로등 없는 밤거리를 불안하게만 생각할 필요는 없다.

　어쩌면 가로등을 대체할 무언가가 등장할지도 모르겠다. 가로등이 없는 세상에선 군인들이 야간 훈련 때 쓰는 적외선 야시경 '고글'이 큰 인기를 끌지도 모른다. 지금은 야시경이 무게도 꽤 나가고 값도 만만치 않지만, 이런 세상에선 일반인들도 휴대할 수 있는 크기로 대중화되겠지.

　이 기회를 틈 타 어떤 자연 친화적인 회사에서는 '반딧불이 램프'를 만들어 히트 상품으로 내놓을지도 모른다. 밤거리를 지나는 사람마다 반딧불이를 넣은 작은 램프를 손에 들고 있다면 마치 작은 별들이 뒤뚱거리며 걸어가는 것처럼 정다워 보일 듯하다.

　또한 야광 장식을 이용한 옷이나 액세서리가 전성 시대를 이룰 것이다. 남들과는 다른 자신만의 개성을 드러내고 싶은 현대인들의 바람이 가로등 없는 밤이라고 해서 수그러들지는 않을 테니까. 형형색색의 야광 옷차림을 한 사람들이 활보하는 밤거리 또한 진기한 풍경이 될 것 같다.

가로등이 없어지고 난 후, 연인들이 오붓한 데이트를 즐기기는 훨씬 더 좋아졌다. 사람들의 시선을 피해 어두우면서도 분위기가 있는 장소를 찾아다니느라 다리품을 팔지 않아도 된다. 달빛 아래 어디든

밤의 운치가 깔려 있을 테니 말이다. 눈치 없이 밤을 벌겋게 밝혀 주는 가로등만 조용히 사라져 준다면, 어둠이 짙게 내려앉은 세상 위로 크고 작은 수천 개의 별들이 쏟아져 내릴 것이다.

어둠 속에서 연인들은 별빛 못지않게 반짝이는 두 눈빛으로 서로의 마음까지 훤히 들여다볼 수 있을지도 모른다. (아마 출산율을 높이는 데에도 지대한 공헌을 할 것이다.) 가로등이 사라진 자리에 인류에게 다시 찾아온 '별이 빛나는 밤'은 현대인들에게 도시의 낭만을 안겨 줄 터이다.

광공해, 지구를 삼키다

밤을 대낮같이 밝혀 주는 가로등은 우리들에게 유용한 것은 사실이지만 그 피해 또한 만만치 않다. 가로등 불빛이 뭐 그리 대단한 피해가 되느냐고? 모르는 소리. 최근 몇 년 전부터 야외 조명, 가로등, 네온사인 등이 빚어낸 과도한 불빛은 하나의 환경 오염으로 인식되기 시작했다. 이미 과학자들은 대기 중의 먼지 입자와 도시의 불빛이 복합적으로 작용해서 밤하늘 전체가 밝아지는 현상을 두고 '광공해'라는 이름을 붙였다.

국제 기구의 통계에 따르면, 미국과 유럽 인구의 99%와 세계 인구의 3분의 2가 광공해에 시달린다고 하니 그 심각성은 간과할 수준이 아니다. 도시의 광공해는 사람들의 주거 지역에 침투해 평안한 '밤의 휴식'을 방해한다. 한밤중에 집 안의 불을 모두 꺼 놓아도 창문을 통해 스며 들어오는 도시의 빛줄기들은 24시간 태양 주기에 길들여진 우리의 생체 리듬을 흐트러뜨린다.

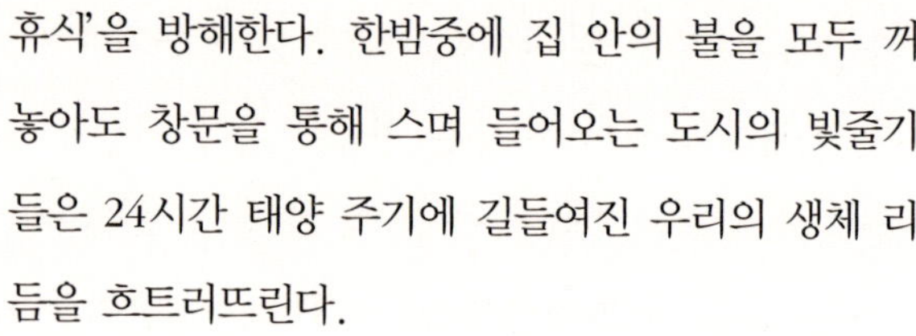

광공해로 밝아진 침실에서는 깊은 잠인 REM 수면에 빠지기까지—정상치보다 1시간이나 늦은—3시간이 걸린다. 광공해는 소음 공해처럼 직접적인 피해가 나타나진 않지만, 모르는 사이에 도시인들을 더욱 피로하게 만들고 있는 것이다.

일부 학자들은 선진국에서 유방암 환자가 늘어나는 것은 조명 과다로 멜라토닌 분비가 흐트러뜨려진 탓이라고 주장한다. 멜라토닌은 시신경을 통해 들어온 빛의 양에 따라 분비되는 호르몬으로 잠을 유도하는 역할을 한다.

가로등과 같은 인공 조명으로 멜라토닌 분비에 이상이 생기면, 수면 시간이 엉망이 될 뿐만 아니라 면역력이 저하되고 만성 피로나 우울증이 찾아올 수 있다. 또한 멜라토닌 분비량은 여성 호르몬인 에스트로겐 분비에 영향을 주는데, 과다한 에스트로겐은 유방암을 발생시키는 원인이 된다.

지나친 불빛은 생태계에도 나쁜 영향을 미친다. 생태학자들에 따르면, 알을 깨고 막 세상에 나온 거북이는 해변의 밝은 조명으로 방향 감각을 잃는다. 나방은 불빛으로 모여드는 데 정신이 팔려 짝짓기 시기를 놓쳐 버릴 뿐 아니라 심지어는 그 열기에 몸이 타 버리기도 한다. 가로등 가까이 서 있는 가로수 잎은 계절을 불문하고 짙은 색깔을 띠어 계절의 풍미를 잃어버리고 만 지 오래다.

지난 2003년 경주의 동부 사적지에는 관광지 분위기 조성과 야간에 방문하는 관람객을 위해 야간 조명을 설치하였다고 한다. 여름이 되자 조명등의 설치로 밝아진 사적지에 매미들이 밤이 온 줄도 모르고 시시때때로 맴맴거려 동네 주민들을 고통 속에 몰아넣은 에피소드도 있다. 이렇게 광공해는 수천 년 동안 어두운 밤에 적응하며 살아온 동식물의 생체 리듬을 심각하게 교란시킨다.

또한 광공해는 별빛을 가려 밤하늘을 탁한 붉은 회색으로 만들어 버린다. 보석처럼 박혀 있던 밤하늘 별들이 대낮처럼 환한 밤의 불빛 때문에 우리 시야에서 사라져 버린 것이다. 낮에는 태양빛에 가려지고, 밤에는 가로등에 가려 도시의 하늘에서 사라져 버린 별의 수는 자그마치 2,000여 개. 별 하나도 제대로 보기 어려운 도시의 밤하늘에도 지금 이 순간 2,000여 개의 별들이 우리 머리 위

에 존재하고 있는 것이다. 가로등을 끄면 언제든지 나타날 준비를 하면서.

　현재 전 세계 인구의 5분의 1은 은하수를 볼 수 없는 하늘 아래 살고 있다. 도시에서는 행성과 몇 개의 밝은 별을 제외하고는 별이 거의 보이지 않기 때문에 밤하늘을 아름답게 수놓는 별자리들을 볼 수 없다. 모두들 자신의 별자리로 성격 테스트를 하거나 운세를 찾아본 경험은 있겠지만, 하늘에서 그 별자리를 직접 찾아본 사람은 과연 몇이나 될까?

　게다가 광공해는 천체 망원경의 해상도를 심각하게 떨어뜨려 천문학자들의 연구를 방해하기도 한다. 눈앞의 어둠을 밝히는 가로등이 저 멀리 우주로 향하는 우리의 눈을 멀게 만들어 버린 것이다.

　갈릴레이가 "그래도 지구는 돈다!"며 목 놓아 외친 이후로, 지구가 우주의 중심이 아니며 태양을 중심으로 회전한다는 지동설은 하나의 상식이 된 지 오래다. 하지만 거리에 넘쳐나는 가로등은 아이들에게 다시금 천동설의 오해를 불러일으키고 있다. 2004년, 일본 국립 천문대 연구팀이 조사한 바에 따르면 일본의 초등학교 6학년생의 42%가 태양이 지구 주위를 돌고 있다고 알고 있으며, 태양이 지는 방향을 서쪽이라고 답한 학생은 고작 60%에 불과했다고 한다. 연구팀은 초등학교의 과학 수업에서 지구의 자전과 공전조차 언급하지 않은 데다, 도시화로 일출과 일몰을 볼 기회가 적어진 것이 이 같은 충격적인 결과를 낳은 가장 큰 원인으로 지적했다.

세계 어둔 하늘 협회, "가로등을 없애자!"

　도시화와 함께 아무런 제동 장치 없이 무작정 질주해 온 밤의 불빛. 그러나 가로등 불빛으로 밤하늘의 별들이 우리 눈에서 사라지고 우리 몸과 생태계는 자신의 리듬을 잃은 채 점점 황폐해져 간다는 사실이 알려지면서 광공해를 줄이기 위한 노력들이 본격적으로 시작됐다. 그 선두에 선 단체가 바로 세계 어둔 하늘 협회(International Dark-

Sky Association: www.darksky.org)다. 이 단체는 광공해에 대해 전문적으로 연구하고, 천문학자, 조류학자, 보건 전문가들은 물론 일반인들에게 광공해에 대한 관심과 참여를 유도하고 있다.

그들이 제일 먼저 한 일은 세계 주요 도시에 '광공해 방지법'을 제정하기 위해 앞장선 일이다. 세계 어둔 하늘 협회 스위스 지부 회장인 필립 헤크는 "우리가 원하는 것은 조명을 끄자는 것이 아니다. 밤하늘 전체를 밝히지 말고 필요한 곳에만 조명을 집중하자는 것이다."라고 말한다.

사실 광공해를 줄이기 위해 가로등을 없애자는 주장은 현실적으로 쉽지 않으며 효율적이지도 않다. 가로등을 없애는 것보다는 거리에 난무하는 네온사인이라도 잘 정리하고, 빛이 아래로만 비춰지도록 가로등에 갓을 씌우는 작은 일들이 광공해를 줄이는 데 훨씬 더 도움이 된다. 실제로 미국과 일본에서는 가로등을 설치할 때 전구에 반드시 갓을 씌우는 정책을 시행하고 있다.

물론 돈 많은 미국에서도 이것은 쉽지 않은 정책이다. 몇 해 전 미국 뉴욕에서는 가로등의 밝기를 둘러싼 정치적 논쟁이 사회적 이슈가 된 적이 있다. 9·11 테러로 수천 명이 희생된 도시에서 한가롭게까지 들리는 이 논쟁의 핵심은 가로등의 조명 밝기를 제한해 밤에 별을 더 잘 볼 수 있도록 하자는 주 법안의 통과 여부다. 특히 법안은 가로등 불빛에 갓을 씌워 빛이 하늘이 아닌 지상을 향하도록 지정하고 있다.

천문학자들을 중심으로 시작된 '어두운 밤' 지지 세력과 당시 뉴욕 시장이었던 루돌프 줄리아니가 주축이 된 '밝은 밤' 지지자들이 이 법안에 대한 조지 파타키 뉴욕 주지사의 거부권 행사를 놓고 일종의 '정치적 스타 워즈'를 벌인 것이다. 미국 시민들의 70%가 '광공해' 때문에 밤하늘의 은하수를 볼 수 없다는 어두운 밤 지지자들의 주장에, 줄리아니 시장은 가로등의 방향을 바꾸는 데만 7억 달러가 든다며 반박을 하였다.

그러나 미래가 되면 별을 볼 수 없는 밤하늘은 심각한 사회 문제가 될 것이다. 페이스 팝콘이 쓴 《미래 생활 사전》에 보면, 미래에는 하늘을 보면서 평화로운 명상을 할 수 있도록 보호된 일종의 시각적인 휴식 지역인 '밤하늘 보호 지구(Dark Sky Preserve)'가 생길 것이라고 한다. 이 책에는 미국 애리조나 주 팔머 호수가 밤하늘 보호 지구로 이미 지정되었다는 얘기도 덧붙이고 있다.

우리나라도 강원도 횡성군에서 1999년 천문인 마을이 있는 강림면 월현리를 '별빛 보호 지구'로 선포한 적 있다. 지금과 같은 추세라면 앞으로 도시는 더욱 환해질 것이고, 그 부담스러운 인공 빛에서 벗어나고픈 사람들은 더 많은 밤하늘 보호 지구를 만들어야 할지도 모르겠다.

어두운 밤을 그리며

어느 날 갑자기 가로등이 모두 사라진다 해도 광공해 문제가 말끔히 해결되지는 않을 것이다. 가로등이 사라진 밤에도 여전히 건물의 실내 조명과 네온사인들은 그대로일 테니까. 또한 밤에도 바쁘게 살아 움직이는 도시에서 밤하늘의 낭만을 위해 가로등을 없애자는 주장은 한가로운 주장처럼 들릴 것임에 틀림없다. 하지만 가로등의 밝기를 낮추고 인공 불빛의 확산을 막는 것, 가로등에 갓을 씌워 인공 조명의 방향을 아래로 향하게 하는 것은 하늘에 별이 20~30개밖에 없다고 생각하는 도시 아이들에게 새로운 세상을 열어 주는 일이다.

우리가 살고 있는 우주가 얼마나 크고 거대한 곳인지, 인간이 살고 있는 지구는 또 얼마나 작고 왜소한 존재인지, 하지만 이 거대한 우주를 인식하며 살아가는 어쩌면 유일한 존재이기도 한 인간은 그래서 또 얼마나 위대한지. 하늘을 한 번 올려보는 것만으로도 '우주가 가르쳐 주는 경이로움'과 '인간은 우주를 반영하는 거울'이라는 사실을 배울 수 있는 기회를 절대 놓치지 말아야 할 것이다.

>> 광도와 조도 <<

밝기의 정도를 나타내는 용어는 크게 광도와 조도 두 가지가 있다. 광도는 빛을 내는 물체 표면의 밝기를 말한다. 광도는 말 그대로 물체가 '얼마나 밝은지'를 절대적으로 나타내는 지표로 단위는 '칸델라(candela, cd)'를 사용한다. 이와 비슷한 개념이지만 빛을 내는 물체의 표면이 넓은 경우에는 '휘도'를 사용하기도 한다.

한편 조도는 일정한 면이 받는 빛의 세기를 말한다. 조도는 '조명도'의 준말로 빛이 비춰지는 곳의 밝기를 나타낸다. 따라서 조도는 빛을 내는 물체로부터의 거리가 멀어질수록 작아지고, 빛이 입사하는 각도에 따라 달라진다.

조도의 단위로 럭스(lux, lx)가 쓰인다. 간단히 말해 광도는 빛을 내는 물체의 밝기, 조도는 빛을 받는 면의 밝기를 나타내는 것이다. 따라서 주변 공간의 밝기를 나타낼 때는 조도를 사용한다.

보통 주위의 조도가 약 10럭스일 때 최소한의 색을 식별할 수 있다고 한다. 맑은 날 햇빛의 조도는 약 10만 럭스에 달한다. 이에 비해 우리가 생활하는 실내는 약 200~1,000럭스 정도 된다. 땅거미가 질 때의 밝기와 같은 수준이다. 한편 맑은 날의 보름달은 약 0.3럭스밖에 안 되니, 요즘처럼 가로등이 밝은 밤에는 달 그림자를 찾기 어려울 수밖에.

우리의 오랜 몽상이 현실이 되기까지

2003년 5월 25일 늦은 오후. 서울 충정로의 한 호프집으로 대학생들이 하나 둘씩 모여들기 시작했다. 맑고 청명한 그날의 공기를 우리 모두는 지금도 잊지 못한다. "과학의 대중적 글쓰기에 뜻이 있는 대학생을 모집한다."는 정재승 선생님의 글을 보고 찾아온 이공계 학생들은 모두 28명.

이 자리에 모인 이유는 저마다 달랐지만, 모두들 과학책 읽기를 즐기고 글쓰기에 관심이 많았으며, 무엇보다 과학을 사랑하는 친구들이었다. 매주 과학책을 함께 읽고 논쟁적인 과학 주제들에 대해 열띤 토론을 할 만한 곳이 또 어디에 있던가! 내가 쓴 과학 관련 글을 읽고 조언해 줄 친구들이 세상 어디에 또 있던가! '꿈꾸는 과학'은 모임 그 자체만으로도 우리에겐 하나의 꿈이 이루어지는 순간이었다.

우리는 매주 금요일 저녁 이화여대의 한 강의실에서 모임을 가졌다. 우리가 했던 첫 번째 프로젝트는 《있다면? 없다면!》이었다. 정재승 선생님은 과학적 상상력이 때론 만화적 상상력보다 더 기발할 수 있다며 우리에게 이 프로젝트를 제안하셨다.

내용은 단순했다. '만약 인간에게 꼬리가 있다면?' '만약 방귀에 색깔이 있다면?' '만약 태양이 두 개라면?'과 같은 질문을 던지고, 이 질문에 대해 강의실에 둘러앉은 학생들이 2시간 동안 엉뚱한 상상과 기발한 아이디어를 쏟아내는 것이었다. 그러고 난 다음에는 그것을 다시 합리적 이성과 비판적 사고로 꼼꼼히 검토하는 훈련을 반복했다.

처음엔 엉뚱해도 좋으니 기발한 아이디어를 자유롭게 쏟아내는 시간을 가졌고, 그 과정이 끝나고 나면 '그 상상이 왜 불가능한지'에 대한 과학적 고찰이 뒤따랐다. 우리들의 상상이 몰고 올 또 다른 효과들을 고민하다 보면 상상은 꼬리에 꼬리를 물었다. 우리의 브레인스토밍은 매번 이런 식이었다.

"손가락이 없다면 어떻게 될까?"

"손가락이 없으면 운동화 끈은 어떻게 묶지?"

"끈만 못 묶니? 리본이나 각종 매듭도 존재하지 않았을 거야."

"매듭만 문제가 아니야. 정교한 수술처럼 고도의 손동작을 필요로 하는 일은 꿈도 못 꿀걸?"

"근데 손가락이 없는 사람은 생긴 것도 이상할 것 같아. 먹고는 살아야겠고, 손으로 음식을 집어먹을 수는 없으니까. 음, 그러니까 늑대처럼 입이 비죽 나오고 이빨이 날카로워지지 않겠어? 음식을 뜯어 먹어야 하잖아."

"직립 보행에 대한 이점이 전혀 없겠군."

브레인스토밍은 생각보다 강력했다. 혼자서 머릿속으로만 생각할 때는 도저히 떠오르지 않던 기발한 생각들이 함께 둘러앉아 조금만 이야기를 하다 보면 여기저기에서 엉뚱한 생각의 단초들이 튀어나왔다. 뻔하거나 따분해 보이던 소재들도 그룹 토의를 거치고 나면 글쓰기에 대한 욕망을 자극하는 멋진 글감으로 재탄생했다.

브레인스토밍의 결과물은 우리 중 한 명이 정리해 에세이로 만들어 왔다. 그리고 우리는 다시 모여 함께 그 글을 읽고 조언하고 고쳐 가며 새로운 아이디어를 덧붙였다. 퇴고를 할 때면 마음을 다잡아야 했다. 날카로운 지적과 따끔한 조언이 여기저기서 날아와 원고를 낱낱이 해부했고, 그럴 때면 나의 머릿속은 친구들에게 벌거벗겨진 채로 적나라하게 공개되었다. 내가 이 문제에 대해 얼마나 깊이 고민했는지 속속들이 드러나는 순간이었다.

퇴고 과정에서 나온 다른 학생들의 지적을 받아들이기 어려울 때도 많았다. 내가 쓴 글에 담긴 진짜 의도를 친구들이 제대로 이해하지 못하고 있다는 억울함이 치밀어 올라올 때도 있었다. 하지만 돌이켜

1. 제2회 꿈꾸는 과학 낭독회에서 마지막 낭독자였던 정재승 선생님. 대한민국의 모든 사람들이 과학이란 소재로 자유롭게 소통할 수 있는 그날까지 '꿈꾸는 낭독회'는 계속됩니다.   2. '꿈꾸는 과학'을 빛낸 이름들! 지금은 이런 이름표가 54개나 있어요. 벌써 사회에 진출해 모임 활동이 뜸해진 선배들의 이름도 보이고 지각쟁이를 기다리는 목마른 이름들도 보이네요!   3. 새로운 꿈쟁이가 된 6기들과 함께하는 첫 독서 토론 모임.   4. 2005년 3기 모집을 준비하면서. 새 가족 맞이에 설레는 마음을 담아 한 컷! "우리는 '꿈꾸는 과학'이에요!"   5. 옥고를 위한 퇴고의 끝은 어디인가. 4년 전, 《있다면? 없다면!》을 퇴고하다 지친 사람들. 이 작업 이후로, 퇴고 팀에 투입됐던 사람들 중 몇몇은 자신의 일기장에도 난도질을 하는 후유증을 앓기도 했다는 무시무시한 전설이 전해지고 있어요.

생각해 보면 대체로 글에 대한 비평이 날카로우면 날카로울수록 그것은 진실에 가까웠다. 미국의 소설가 스티븐 킹도 《유혹하는 글쓰기》에서 말하지 않았던가? "글을 쓸 때에는 문을 닫고 쓰고 글이 완성되면 문을 활짝 열어라. 그리고 다른 사람들에게 자신의 글을 읽혀라. 언제나 독자는 옳고 저자는 틀렸다."

이런 과정을 거쳐 우리의 《있다면? 없다면!》 원고는 퇴고의 모진 바람을 맞으며 조금씩 다듬어졌다. 어느 정도 초고가 완성됐을 때, 우리는 제주도로 퇴고 여행을 떠났다. '꿈꾸는 과학' 최초의 글쓰기 여행이었다. 중문 바닷가 근처에 있는 작은 호텔에 자리를 잡고, 두 조로 나누어 밤을 새 가며 글을 쓰고 또 썼다. 아침이면 모두 모여 밤새워 썼던 글을 돌려 읽었다. 그리고 다시 퇴고, 퇴고, 또 퇴고.

볼 때마다 왜 고칠 부분이 나올까? 볼 때마다 왜 더 좋은 문장이 떠오를까? 쓰면 쓸수록, 고치면 고칠수록 글에서 모자란 부분이 눈에 들어왔다. 지금 생각해 보면, 그때의 막막함이란 글 쓰는 감각을 서서히 익혀 가던 우리들의 성장통이었는지도 모르겠다. 하지만 그 당시 우리에겐 책으로 엮어도 부끄럽지 않을 글을 쓴다는 것이 너무나 거대한 목표로만 느껴졌다. 《있다면? 없다면!》 원고에 대한 퇴고는 제주도에서 돌아온 뒤에도 계속되었다.

《있다면? 없다면!》은 분명 과학책이지만, 이 책을 쓰는 과정에서 우리에게 가장 힘들었던 것은 과학이라는 이름의 상식으로부터 벗어나는 일이었다. 세상의 모든 위대한 과학은 과학적 상상력과 비판적 사고로 이루어진다.

"아주 멀리 가기를 마다하지 않는 자만이 얼마나 멀리 갈 수 있는지 알 수 있다."는 T. S. 엘리엇의 말처럼, 과학적 상상력은 우리를 당대의 과학에 얽매이지 않고 새로운 눈으로 세계를 응시할 수 있는 용기를 준다. 과학적 합리성으로 길들여진 비판적 사고만 잃지 않는다면 엉뚱한 함정에 빠지는 일은 없을 것이다.

"세상은 존엄한 상상력의 산물이다."라는 미국의 문학가 월리스 스티븐스의 말처럼, 이런 노력들이야말로 '100년 전 사람들에게는 엉뚱하게만 여겨질' 지금과 같은 세상을 만들어 낸 힘이다. 그런 점에서 이 책을—그리고 우리가 이 책을 쓰면서 나누었던 브레인스토밍 과정을—아직 과학이라는 상식으로부터 자유로운 청소년들에게 각별히 권해 주고 싶다.

놀랍게도, 현실과 동떨어진 엉뚱한 상상력으로 가득 찬 이 책에서 우리가 발견한 것은 새삼 우리가 살고 있는 세상이다. 왜 하늘에선 주스비가 내리지 않는지, 왜 얼굴은 음각이면 안 되는지, 왜 입이 배꼽 옆으로 이사 가면 안 되는지를 따져 묻다 보면, 우리가 살고 있는 세상이 왜 지금과 같은 모습을 하게 되었는지 어렴풋이 짐작하게 된다. 세상이 지금과 같은 모습이 된 데에는 나름의 과학적인 이유가 분명하게 존재하고 있었다.

1. 복도 많으신 정재승 선생님. '꿈꾸는 과학' 최고 미녀 넷과 함께 찰칵! 2005년 1학기를 총정리하는 총회 후 기찻길 옆 고깃집에서. 선생님 왼편에 새 이장님과 헌 이장님. 그리고 뒤편엔 '꿈꾸는 과학' 살림을 맡은 실세 통장님까지. 알고 보니 '꿈꾸는 과학' 선생님과 실세들. 2. 3~4기들이 주인공이었던 제2회 낭독회 〈과학하는 몽상가들〉을 마치고. 많은 분들의 모습이 보이네요. 평소처럼 심각한 표정 짓지 말고 다 같이 좀 웃자고요~. 찰칵!

《있다면? 없다면!》은 '꿈꾸는 과학'의 수많은 손을 거쳐 완성됐다. 1기였던 김민경, 김송희, 김승희, 김태양, 서재형, 이용일, 정유진, 조덕상은 모든 원고의 브레인스토밍에 참여하고 초고를 썼으며 글의 뼈대를 잡았다. 2기였던 김호식, 박찬석, 안성희, 이언경, 장승연, 전혜리, 최승원, 홍성준은 마무리 퇴고 작업에 열심히 참여해 1기의 부족한 점을 채워 주었다.

《있다면? 없다면!》은 브레인스토밍을 통해 '꿈꾸는 과학' 모두의 아이디어를 흡수했고, 퇴고에 퇴고를 거듭하며 초고를 썼던 사람조차 몰라볼 정도의 다른 글로 변신했다. 그렇기 때문에 이 책의 글 한 편 한 편은 어느 한 사람의 글이 아닌 '꿈꾸는 과학' 모두의 집단 지성이 만들어 낸 결과물이라 할 수 있다. 다시 읽어 보면 여전히 부끄럽기 짝이 없는 글이지만, 이 글에는 투박하지만 거칠게 꿈틀거렸던 우리의 젊음이 담겨 있다.

누군가 우리에게 "당신은 20대에 무얼 했나요?"라고 묻는다면, 우리는 기꺼이 "책을 읽고 글을 썼습니다."라고 답하겠다. 계통 없이 책을 읽었고 혼자만의 몽상에 흥분했으며 질그릇처럼 투박한 글을 썼지만, 어쨌든 우리는 '꿈꾸는 과학'을 만났고 20대의 절반을 책과 글로 채웠다. 그렇게 풋사과처럼 시큼한 '날것의 젊음'을 공유했던 우리들이 빚어낸 첫 작품이 바로 이 책 《있다면? 없다면!》이다.

2008년 5월 15일 '꿈꾸는 과학'을 대표해서
조 덕 상 (카이스트 물리학과)

꿈꾸는 과학 夢 – SCI

조덕상(카이스트 물리학과)

서울과학고등학교를 졸업하고 KAIST에서 물리학을 공부했다. '어떻게?'라는 질문보다 '왜?'라는 질문을 좋아한다. 과학이란 '자연과의 인터뷰'라고 생각하고, 과학하기란 '자연을 판단 기준으로 삼는 합리적 사고 과정'이라 믿는다. 지금은 과학적으로 인간을 탐구하고 자유 의지로 세상에 참여하는 경제학자가 되기 위해 공부하고 있다.

《있다면? 없다면!》은 독자들이 책속의 상상을 접할 때 그러한 상상이 왜 가능한지 혹은 왜 불가능한지 스스로 질문하고 답해 보길 기대하며 썼다. 그러면서 자연스럽게, 자연과의 수다스런 대화에 말문이 트이고 재미를 붙였으면 한다.

김송희(서울대학교 생명과학부)

세 살 크리스마스 때 처음으로 무대에 서서 노래를 불렀고, 여섯 살 즈음엔 이미 진지한 음악가였다. 그 후 음악 공부에 매진하다 열여섯 살에 방향을 바꿔 자연과학에 매력을 느꼈으며, 스물한 살에 들어간 대학에서 다시 한 번 언어학과 사랑에 빠졌다.

여러 다른 학문을 공부하면서 좋은 점은 '세상을 입체적으로 보는 즐거움'을 누리게 된다는 것. 가끔은 다른 쪽으로 통하는 문이 보이는 것 같은 착각에 가슴이 심하게 두근거린다. 다양한 배경을 지닌 사람들이 모여앉아 엉뚱한 결론으로 치달아 가는 대화에는 언제든 매료되고 만다. 평생 그런 대화 속에 살고 싶은 이로서, 《있다면? 없다면!》은 그 첫 시도라고나 할까?

김민경 (을지의대 의학과)

이화여대에서 생명과학 전공을 수료하는 과정 중에 '꿈꾸는 과학'을 만났다. 생명과학은 내 인생관에 빅뱅을 일으켰을 뿐 아니라 학문의 위대함에 전율케 했고 꿈쟁이들과 함께했던 시간들은 나를 진정한 대학생으로 거듭나게 해 주었다. 엉뚱한 상상과 과학에 대한 토론으로 가득했던 매주 토요일은 내 이십대 삶의 가장 큰 선물이었다. 우리가 그랬던 것처럼 이 책의 독자들도 기막힌 상상들과 함께 뇌가 말랑말랑해지기를 바란다. 현재 을지대학교에서 의학을 공부하고 있고, 꿈에는 용량 제한이 없는지라 아직도 하고 싶은 일들이 너무나 많다. 나는 꿈쟁이, 그것도 1기니까!

서재형 (고려대학교 생명공학과)

2003년부터 '꿈꾸는 과학' 1기로 참여했다. 지금은 명예 회원으로 지내고 있으며 '꿈꾸는 과학'의 노장이라 할 수 있다. 그렇다고 다른 회원들보다 글을 더 잘 쓰고, 독서량이 많다고도 볼 수 없다. 하지만 '꿈꾸는 과학'을 사랑하는 마음은 단연 최고라고 자부한다. 현재 생명공학을 공부하고 있으며, 나아가 인간의 뇌를 생리학적으로 연구하려 한다. 아울러, '꿈꾸는 과학'을 오스트리아 '빈 서클'처럼 자유로운 학문의 장으로 만들었으면 한다.

김태양 (카네기 멜론대학교 엔터테인먼트공학 전공)

이화여대에서 환경공학을 전공했고, 지금은 미국 카네기 멜론대학교에서 엔터테인먼트공학을 전공하고 있다. 《있다면? 없다면!》은 '꿈꾸는 과학'에서 한 활동 가운데 가장 재미있었던 것 중 하나다. 그때 나누었던 수많은 아이디어들은 아직도 내게 창작의 영감을 제공한다. 앞으로도 과학과 예술 사이를 오가며 재미있고 창의적인 인터렉티브 아트, 게임을 만들고, 또 다른 가능성에 대해 실험하고 싶다. 이 글을 읽는 독자들이 '엉뚱한 상상'을 소중히 여길 수 있었으면 좋겠다. 그것이야말로 진실로 자신의 것이니까.

그린이 **정훈이**

만화가. 1995년 만화 잡지 《영 챔프》가 주관한 신인 만화 공모전에서 입상하면서 데뷔했다. 그 해부터 2020년까지 《씨네21》에 영화 패러디 만화를 연재했다. 그린 책으로는 《정훈이의 내 멋대로 시네마》, 《정훈이의 뒹굴뒹굴 안방 극장》, 《트러블 삼국지》, 《거짓말 심리 백서》, 《너 그거 아니?》, 《과학 선생님, 영국 가다》 등이 있다. 2000년부터 2003년까지 성덕대학 만화 애니메이션＆디자인학과에서 스토리 구성에 관한 강의를 하였다.

있다면? 없다면!

첫판 1쇄 펴낸날 2009년 12월 24일
37쇄 펴낸날 2024년 2월 15일

지은이 꿈꾸는 과학·정재승   **그린이** 정훈이
발행인 김혜경   **편집인** 김수진
주니어 본부장 박창희
편집 강정윤 정예림 강민영
디자인 전윤정 김혜은
마케팅 최창호 임선주
경영지원국 안정숙
회계 임옥희 양여진 김주연

펴낸곳 (주)도서출판 푸른숲
출판등록 2003년 12월 17일 제2003-000032호
주소 경기도 파주시 심학산로 10, 우편번호 10881
전화 031) 955-1410   **팩스** 031) 955-1405
인스타그램 @psoopjr   **이메일** psoopjr@prunsoop.co.kr
홈페이지 www.prunsoop.co.kr